新型职业农民培育系列教材

茶叶种植与经营管理

吕明超　韩国珍　主编

中国林业出版社

图书在版编目(CIP)数据

茶叶种植与经营管理 / 吕明超，韩国珍主编. — 北京 ：中国林业出版社，2016.7（2019.10重印）
新型职业农民培育系列教材
ISBN 978－7－5038－8645－4

Ⅰ. ①茶… Ⅱ. ①吕… ②韩… Ⅲ. ①茶叶－栽培技术－技术培训－教材②茶园－经营管理－技术培训－教材Ⅳ. ①S571.1

中国版本图书馆 CIP 数据核字(2016)第 179140 号

出　版 中国林业出版社（100009　北京市西城区德内大街刘海胡同 7 号）
E-mail Lucky70021@sina.com　**电话**（010)83143520
印　刷 三河市祥达印刷包装有限公司
发　行 中国林业出版社总发行
印　次 2019 年10月第 1 版第 3 次
开　本 850mm×1168mm　1/32
印　张 8. 25
字　数 200 千字
定　价 26.00 元

《茶叶种植与经营管理》

编委会

主　编　吕明超　韩国珍

副主编　张金燕　向汉国　张正一

　　　　吴文辉　李　霞

编　委　(按笔画排序)

　　　　王　猛　严　强　杨慧仙

　　　　陈爱军　魏子和

前 言

茶树最早为中国人所发现、最早为中国人所利用、最早为中国人所栽培。我国的西南地区是茶树的原产地，茶在我国有着悠久的历史和文化。在我国传统的茶产业一直是种植业主导的产业。长期以来，广大茶叶生产者关注的重点大多停留在如何做出一款好茶，却有意无意地忽略了最为关键的消费环节。这从近年来我国茶叶产销量可见一斑。据统计，从2001年开始，我国茶叶产量年均增长率超过14.1%，产能复合增长率超过22%。2016年，我国茶叶总产量达209万吨，总产值约1349亿元。

本书在编写时力求以能力本位教育为核心，语言通俗易懂，简明扼要，注重实际操作。主要介绍了茶树栽培的概论、茶树繁殖技术、茶园建设、茶园管理、茶树病虫害诊断防治、优质茶叶加工技术等方面内容，可作为有关人员的培训教材。

编 者

目 录

模块一　茶树栽培概论

第一节　茶树栽培与茶叶价值概述

一、茶树栽培简史

茶树是中国最先发现、利用的一种饮料作物。目前，世界上有 50 多个国家种植茶叶，茶种都是直接或间接由我国传过去的。中国西南地区是茶树的原产地和茶业发源地。山茶属植物现有200 多种，其中 90％集中分布于我国西南地区，以云南、广西、贵州三个省(自治区)的邻接地带分布最为集中。我国茶树栽培经历了五个时期。

(一)茶树发现、利用的起始时期

一般推断茶的发现是在神农时代。在文献记载中我国是最早利用茶叶的国家，由于历史悠久，没有文字记载当时的史情，只能凭借历史上的一些文化遗迹和史料对当时的史事进行推论。根据研究确认，秦朝以前，即公元前 221 年以前定为发现茶树和利用茶的起始时期。

(二)茶树栽培的扩大时期

秦汉到南北朝时期(公元前 221～589)是茶树栽培在巴蜀地区发展，并向长江中下游地区扩展的阶段；西汉时期，记载茶的文献逐渐增多。茶的利用日渐广泛，茶树栽培区域也日渐扩大。烹饮茶叶已成为人们的日常生活习惯。

(三)栽培的兴盛时期

从隋唐至清(581～1911)是我国历史上茶叶栽培生产的兴盛时期。唐代，中国北部已兴起饮茶风习，同时，今新疆、西藏、内蒙古、青海、辽宁、吉林、黑龙江等地的少数民族，也开始饮茶。中国当时已发展有八大茶区，包括现今中国南部各产茶省(自治区)，并扩展到安徽中部、河南南部及陕西南部等地。宋代茶区进一步扩大，元代、明代已生产各类茶叶，传统的制茶方法已基本完备。清代开始发展茶叶对外贸易。茶区面积相应扩大，甘肃的文县，山东的莒县、海阳市、威海市文登区开始种茶。

(四)茶树栽培的衰落时期

清末至新中国成立前夕(1911～1949)，中国受外国列强的侵略，内战不断，经济衰落，民不聊生。而国外种植茶业逐渐发达，加工技术不断提高，导致世界茶价下降。我国茶业受到很大影响，茶园面积锐减，产量剧降，全国茶园面积仅15.4 万公顷*。

(五)新中国成立后茶业大发展时期

新中国成立后，对荒芜茶园重新开垦，对旧茶园进行改造，开辟了多达 54 万公顷的连片茶园，建起 300 多个大型茶场(厂)，面积产量稳定增长。1983 年，全国茶园面积达百万公顷，产茶 40 多万吨。在生产发展的同时，还先后建立了一些茶学研究机构。在全国开展了茶树品种资源调查和良种的选育与推广，1984 年国家级良种有 30 个，1987 年有 22 个，1995 年有 25 个，这大大促进了茶业生产。目前，我国茶园面积居世界第一，茶叶产量居世界第一，2006 年茶叶出口量达世界第一。

---

* 1 公顷=10000 平方米

二、茶树栽培的发展方向

茶产业的发展以市场为向导，以科技为支撑，茶树栽培既是茶叶产业高产、优质、高效益的关键环节，又是茶叶研究和生产的薄弱环节。未来茶树栽培有以下几个发展方向。

（一）大量运用新技术

随着科学技术的不断发展，在茶树栽培及茶园管理中大量运用新技术已经成为必然发展趋势。

(1)生物技术的应用。为了不断创新培育新品种，充分利用茶树特异品种资源，生物技术必将在茶树育种的过程中发挥重要作用。

(2)施肥新技术的应用。主要包括化肥施用量最小化技术、肥料缓释技术、土壤改良技术及早期成园技术等。

(3)机械化生产技术的应用。茶园管理的机械化运作功能会更加齐全，对茶树修剪、施肥，茶叶采摘、运输及茶园耕作均实施机械化管理。

(4)信息技术的应用。为了提高茶园管理效果，应将地理信息技术、全球定位技术、遥感技术等信息技术应用其中，为实时监测茶园产量分布、农机管理、病虫害防治、灌溉用水状况及提供气象预测、作业导航服务奠定技术支撑。

（二）建立茶园循环农业模式

在茶园管理中构建循环农业模式，可以将茶叶生产系统内部的能源和物质，通过高新技术的应用达到能源转化和物质良性循环，成为生态合理的农业生产系统，从而实现经济效益、环境效益和社会效益的同步增长。首先，要在茶园管理系统中重点建设清洁生产系统，实施绿色管理技术，努力减少物质和能量的投入量；其次，延伸茶叶产业链，使单一的茶叶产生系统转变为兼具多项产业的生产体系；再次，以茶业为中心，建设循环农业示范区，从而将茶业生产过程中所排放的废弃物能够转化为其他农业生产系统中所需要的能量。

（三）大力发展有机茶园管理技术

由于有机茶具备良好的经济、社会和生态效益，所以在未来的茶叶发展中有机茶必然会成为新的增长点。而有机茶园管理技术的不断完善和创新是大力发展有机茶的基础。发展有机茶园管理技术应从以下几个方面做起。其一，要充分发挥龙头企业的领军作用，优化茶园生产布局，积极推广，联合科研、生产，扩大有机茶生产规模；其二，为了促进有机茶业的健康发展，应加大科技投入，解决茶园无公害防治、制作工艺改良、专业肥料开发及储运条件改善等问题；其三，构建茶园管理体系，通过建立健全质量监控体系、质量标准体系、市场流通管理体系等，使有机茶的整个产销过程都处于严格的管理约束之下，确保产品符合有机标准。

三、茶叶的价值

茶叶是人们日常生活中的健康饮料，是世界上无酒精的三大饮料之一(茶叶、咖啡、可可)。在华佗《食经》中有“久食益思”的记载，这些是符合科学道理的。茶叶含有不少营养物质，有些还有一定的药理作用。发展茶叶生产，既能满足人民生活需要，也有利于满足国际市场需要，支援国家建设；同时能活跃山区经济，使农民尽快富裕起来。

我国是茶叶的原产地，是世界上最早发现和利用茶叶的国家。世界各国的饮茶技艺和生产技术都是直接或间接从我国传入的。数千年来，我国在种茶、制茶、饮茶、茶文化等方面都作出了贡献。茶叶是我国出口增收的重要产品，远销世界上90多个国家，在国民经济中占有一定的地位。

（一）茶叶的营养价值和药理作用

喝茶对人体的好处很多，可以归纳为营养价值和药用价值

两个方面。从营养价值来说，茶叶中含有蛋白质，占茶叶干重的15%～23%；茶叶所含的维生素如维生素B_1、维生素B_2、维生素C、维生素P、维生素E、维生素K等，都是人体不可缺少的；茶叶中的无机物含量为4%～9%，其中所含的铜、铁元素具有造血功能；锰、锌元素等也有益人体健康；所含的氟能预防龋齿。

从药理方面茶叶含有多酚类、糖类、咖啡因、氨基酸、生物碱、矿物质、蛋白质、维生素、色素、芳香物质等。饮茶能生津止渴、提神醒酒、利尿解毒、消炎灭菌、清心明目、防蛀牙、助消化、降血压、防辐射、增强微血管的弹性等，还可防癌、有助于美容。饮茶对人体具有很高的营养价值和药理作用，因此茶叶作为我国国饮是当之无愧健康饮料。

茶叶具有药理作用的成分主要是生物碱和多酚类。生物碱主要是指咖啡因，一般含量为2%～4%；可可碱约为0.05%；茶碱只有2～4毫克/千克。在冲泡中，咖啡因约有80%能溶解在茶汤中。咖啡因是一种血管扩张剂，能促进发汗，刺激肾脏，有强心、利尿、解毒的作用。同时，它还具有刺激神经系统、促进思维活动、缓解肌肉疲劳的作用，其刺激性没有任何副作用。茶叶中的多酚类含量约占干物质总量的20%，多酚类的生理作用能增强微血管的弹性和渗透性，被广泛用于治疗微血管破裂引起的中风。同时，试验证明，茶叶具有抵抗因放射线照射引起的白细胞缺乏症。根据近年来对茶叶药理作用与临床应用的进一步深入研究表明，茶叶还有对慢性病如糖尿病、肾病的预防和治疗作用，同时能预防心血管疾病，增强免疫功能及防辐射和抗癌等作用。

（二）茶叶的经济效益

茶叶作为经济作物可扩大出口，增加外汇。我国茶叶驰名全球，在国际市场享有盛誉。近年来随着茶产业的发展，我国茶叶的出口量也逐年增加，2010年我国茶叶出口总量达到

16.6万吨，出口金额高达7.84亿美元，为国家带来了财富。另外，发展茶叶可使山区人民增加收入，是山区人民脱贫致富的主要途径之一。

第二节　茶树和茶树品种的识别

中国是茶树的原产地，又是世界上最早发现、栽培茶树和利用茶叶的国家。对茶树的植物学形态特征、生物学特性、茶树品种有充分的了解，才能在实际生产中有的放矢，根据自然规律指导生产，实现茶叶生产的高效、优质和高产。

一、茶树的植物学形态特征

（一）茶树的植物学分类

植物学分类的主要依据是形态特征和亲缘关系，分类的主要目的是区分植物种类和探明植物间的亲缘关系。茶树在植物学分类的地位如下。

界：植物界（Regnum Vegetabile）。

门：种子植物门（Spermatophyta）。

亚门：被子植物亚门（Angiospermae）。

纲：双子叶植物纲（Dicotyledoneae）。

亚纲：原始花被亚纲（Archichlamydeae）。

目：山茶目（Theales）。

科：山茶科（Theaceae）。

属：山茶属（*Cawellia*）。

种：茶种（*Camellia sinensis*）。

茶属于山茶科，山茶亚科，山茶族，山茶属，茶种。1950年中国著名植物学家钱崇澍根据国际命名法有关要求，确定 *Camellia sinensis* (L.)O. Kuntze 为茶树拉丁学名，该命名一直沿用至今。

（二）茶树的形态特征

茶树是一种多年生、木本、常绿植物。茶树植株是由根、茎、叶、花、果实和种子等器官构成的整体。其中，根、茎、叶属于营养器官，担负着植物养料、水分的吸收、运输、合成和储藏，以及气体的交换等，同时也有繁殖功能；花、果属于生殖器官，担负着植物繁衍后代的任务。茶树各个器官是有机的统一整体，彼此之间有密切的联系，相互依存，相互协调。

1. 茶树的根系

(1)根系的组成。根系是一株植物全部根的总称，也称地下部分。茶树的根系由主根、侧根和吸收根（须根）组成（见图1-1）。主根是由种子的胚根发育而成，垂直向地下生长，入土深达1～2米，甚至更深。侧根是由主根上发生的根。由于受到土壤松紧和养分的层次分布影响，呈现明显的层状结构。主根和侧根的作用为固定、储藏和输导的作用。吸收根是由侧根上长出的乳白色的根，其表面密生根毛，主要作用是吸收水分和养分，寿命短，更新快，仅有少数吸收根发育成侧根。根毛是吸收水分和养料的部位。

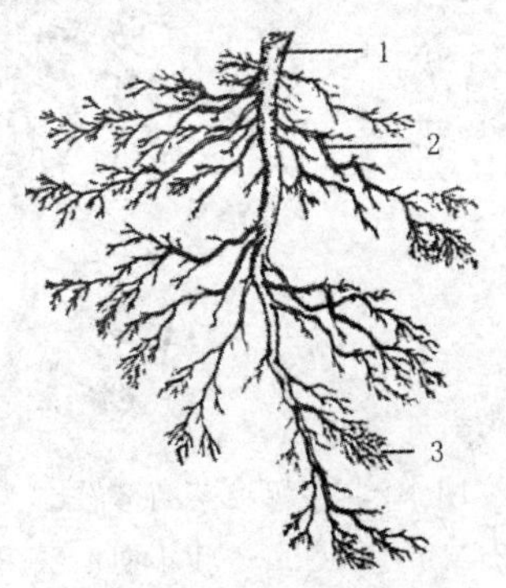

图1-1　茶树的根系组成

1-主根；2-侧根；3-须根

(2)根的外部形态。无性繁殖的茶苗(如短穗扦插)，在枝条切口的愈伤组织长出不定根，其中有一条或几条根继续分化生长，向土壤深处伸展，其余的根则向水平方向发展，没有明显的主根，形成分生根系。有明显的主根和侧根区别的根系称为直根系。茶树各时期根系形态如图 1-2 所示。

(3)根系的分布。成年茶树主根一般长达 1 米左右，侧根和吸收根主要分布在耕作层 5 ～ 50 厘米的深度。而在 20～30 厘米，根系分布幅度大多比树冠幅度大，一般相当于树冠幅度的 1～2 倍及以上。

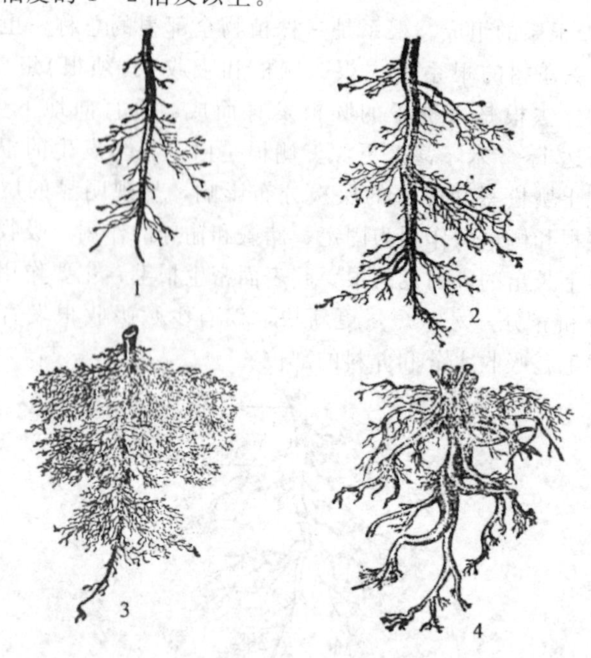

图 1-2　茶树根系的形态

1-一年生根系；2-二年生根系；3-壮年期根系；4-衰老期根系

(4)根尖的结构。茶树的根尖是指根的顶端生命活动最旺盛、最重要的部分。根的伸长生长、组织的形成以及吸收活动

主要是在根尖完成的。根尖从顶端自下而上可分为根冠、生长点、伸长区和根毛区四部分。

2. 茶树的茎

茶树的茎部，也称为地上部分，包括主干、分枝和当年生长形成的新枝。它把根部吸收的水分和养分向上输送，又把叶片光合作用的产物输送到植株的各部分，可见茎的主要功能在于支持和运输。茶树的主干是区别茶树类型的一个重要依据，分枝以下的部分称主干，分枝以上的部分称为主轴。其主干着生叶的成熟茎称枝条，着生叶的未成熟茎称新梢。

1)茎的外部形态

(1)茶树树型分类：根据分枝部位不同，茶树形态可分为三种类型(见图 1-3)。

乔木型：主干明显，植株高大。

小乔木型：主干较明显，植株较高大。

灌木型：没有明显主干，植株较矮小。

勐库大叶种(云南)

乔木型

勐海大叶种(云南)

小乔木型

宜兴种(江苏)

灌木型

图 1-3　茶树类型

(2)茶树树冠类型：根据分枝角度不同，茶树树冠可分为三种形状(见图 1-4)。

直立状

半披张状

披张状

图 1-4　茶树树冠形状

直立状：分枝角度小(≤35°)，枝条向上紧贴，近似直立。

披张状：分枝角度大(≥45°)，枝条向四周披张伸出。

半披张状：分枝角度介于直立状和披张状之间。

(3)茶树枝条分类：茶树枝条按位置和作用分为以下几类。

主干：由胚轴发育而成，指根茎至第一级侧枝的部位，是区分茶树类型的主要依据。

侧枝：从主干枝上分生出的枝条，按粗细和作用不同分为如图 1-5 所示类型。

侧枝
- 骨干枝
  - 一级侧枝
  - 二级侧枝

  粗度和分布是茶树骨架是否良好的指标
- 细枝(生产枝)：反冠面上生长营养芽的枝条，对形成新梢的数量和质量有明显的影响

图 1-5　侧枝分类

鸡爪枝：茶树树势衰退或过度采摘的条件下，树冠表层出现的一些结节密集而细弱的分枝。

2)枝条的发育

新梢：茶树枝条由营养芽发育而成，初期未木质化的嫩枝条称为新梢。

发育：青绿色→淡黄色→红棕色(半木质化)→深棕色→暗

褐色(完全木质化)。

未成熟梢：正在伸长展叶的新梢。

成熟梢：停止展叶的新梢，顶端形成驻芽(休眠状态的芽)。

茶树分枝方式有：①单轴分枝：顶芽生长占优势，侧芽生长弱于顶芽，主干明显。②合轴分枝：主干的顶芽生长到一定高度后停止生长或生长缓慢，由近顶端的腋芽生长取代顶芽的生长，形成侧枝，新的侧枝生长一段时间后，顶芽萎缩又由腋芽生长，逐渐形成多顶性能，依此发展，使树冠呈现开展状态。

3)茎的内部结构

①表皮。②皮层。③韧皮部：筛管输送同化产物。④维管束：形成层——形成新的韧皮部和木质部；木质部——导管输送水分和无机盐。⑤髓部：储藏养分。

3. 茶树的芽和叶

(1)茶树的芽。按性质分为：叶芽(又称营养芽)——发育为枝条；花芽——发育为花。

按着生部位分为：分为定芽和不定芽。定芽又分为顶芽和腋芽。顶芽——生长在枝条顶端的芽；腋芽——生长在叶腋的芽。不定芽——在茶树茎及根颈处非叶腋处长出的芽。芽的内部结构：①生长锥；②叶原基；③芽原基；④幼叶。

(2)茶树新梢上的叶片(见图 1-6)。

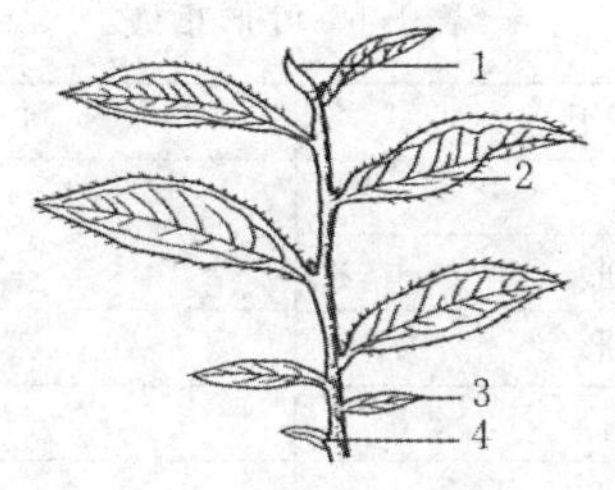

图 1-6　茶树的叶片

1-芽；2-真叶；3-鱼叶；4-鳞叶

①鳞叶：无叶柄，具有保护芽的作用，随着茶芽萌展，鳞叶逐渐脱落。②鱼叶：形似鱼鳞而得名。叶小而且叶缘一般无锯齿，侧脉不明显。每轮新梢基部一般有鱼叶 1 片，多则 2～3 片。③真叶：发育完全的叶片。主脉明显，侧脉呈≥45°角伸展至叶缘 2/3 的部位，向上弯曲与上方侧脉相连接。叶缘有锯齿，呈鹰嘴状，一般 16～32 对，随着叶片老化，锯齿上腺细胞脱落，并留有褐色疤痕。嫩叶背面着生茸毛。

(3)叶的形态特征(见图 1-7)。

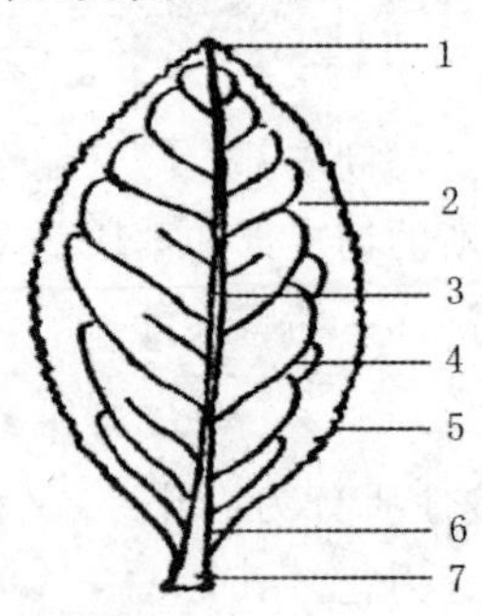

图 1-7　茶树的叶片

1-叶尖；2-叶片；3-主脉；4-侧脉；5-叶缘；6-叶基；7-叶柄

叶形：圆形、倒卵形、椭圆形、长椭圆形、披针形。叶片形态根据叶形指数确定(叶形指数＝长/宽)(见表 1-1)。

表 1-1　叶形指数

叶片形状	叶形指数
圆形	≤2.0
倒卵形	
椭圆形	2.1～2.5
长椭圆形	2.6～2.9
披针形	≥3.0

叶色：淡绿色、绿色、浓绿色、黄绿色、紫绿色。

叶尖：急尖、渐尖、钝尖、圆尖。叶尖形状是茶树的分类

依据之一。

叶面：厚、薄，内析、平展、背弯，平滑、隆起、微隆。叶面隆起是优良茶树品种特征。

光泽：强、弱。光泽性强属优良茶树品种特征。

叶缘：平直、波浪。

叶质：柔软、硬脆。

叶片大小，按叶面积公式计算：（以新梢基部以上第 2 个真叶为测定对象）

叶面积(cm^2)＝叶长(cm)×叶宽(cm)×0.7

根据定型叶的叶面积大小，可将叶片分为：

特大叶：叶面积＞50 平方厘米；

大叶：叶面积＝28～50 平方厘米；

中叶：叶面积＝14～28 平方厘米；

小叶：叶面积＜14 平方厘米；

(4)叶的解剖结构。将叶片的横切面放在光学显微镜下观察，可见叶片包括上表皮和下表皮、叶肉、叶脉三个部分。

4. 茶树的花、果实和种子

(1)茶树的花(见图 1-8)。

着生部位：叶腋间。

着生数量：1～5 朵或更多。

着生方式：单生、对生或丛生。

花轴：短而粗，假总状花序。

茶树花为两性花，由花柄、花萼、花冠、雄蕊和雌蕊五部分组成。

花萼：绿色，5～7 个萼片。

花冠：白色，少数呈粉红色，由 5～9 片花瓣组成，分 2 层排列。

雄蕊：有 200～300 枚，每个雄蕊由花药和花丝组成。

雌蕊：由子房、花柱和柱头三部分组成。柱头 3～5 裂。

花柄：亦称花梗。

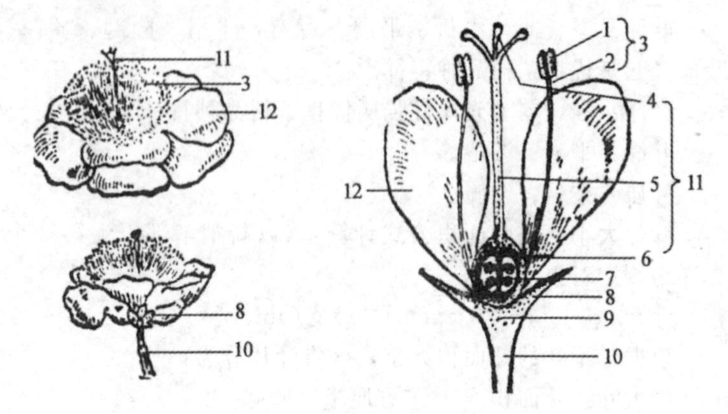

图 1-8 茶花及其纵切面

1-花药；2-花丝；3-雄蕊；4-柱头；5-花柱；6-子房；

7-胚珠；8-花萼；9-花托；10-花柄；11-雌蕊；12-花瓣

(2)茶树的果实和种子。茶果为蒴果，成熟时果壳开裂，种子落地。果皮未成熟时为绿色，成熟后变为棕绿或绿褐色。果皮光滑，厚度不一，薄的成熟早，厚的成熟迟。茶果的形状和大小与茶果内种子粒数有关(见图 1-9)，着生一粒种子时，其果为球形；二粒种子时，其果为肾形；三粒种子时，其果呈三角形；四粒种子时，其果呈正方形；五粒种子时，其果似梅花形。

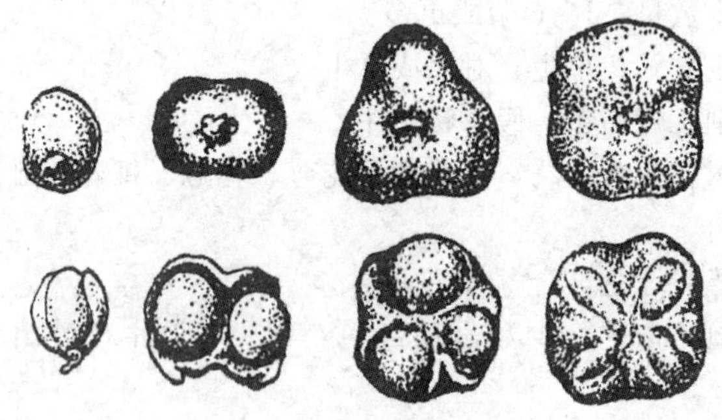

图 1-9 茶果的形状

茶籽是茶树的种子，由种皮和种胚两部分构成。种皮又分为外种皮和内种皮。种胚由胚根、胚茎、胚芽和子叶四部分组成。

二、茶树的生物学特性

(一)茶树的总发育周期

茶树总发育周期：指茶树一生的生长发育进程。

茶树生物学年龄：茶树在自然条件下生长发育的时间为生物学年龄。按照茶树的生育特点和生产实际应用，我们常把茶树的总发育周期划分为四个生物学年龄时期，即幼苗期、幼年期、成年期、衰老期(见图 1-10)。

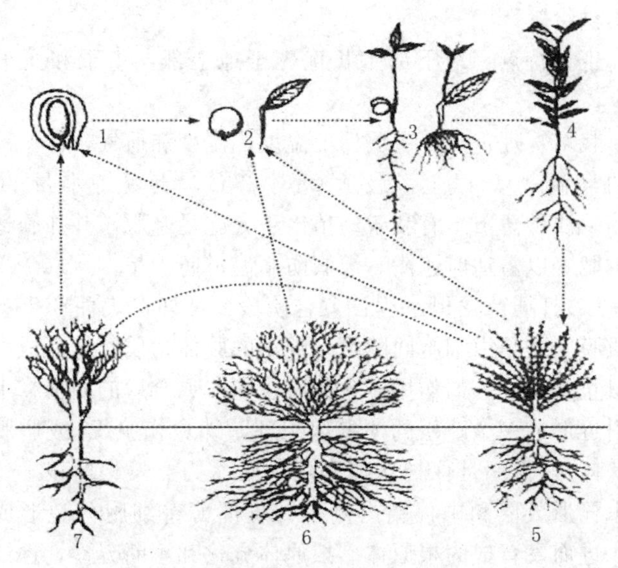

图 1-10　茶树生物年龄时期

1-合子；2-茶籽及插穗；3-幼苗期；4-幼年期；

5，6-成年期；7-衰老期

1. 幼苗期

从茶籽萌发到茶苗出土到第一次生长休止时为止，或从营养体再生至形成完整植株止。这段时间，历时 4～8 个月。其繁殖方式有：有性繁殖——种子直播；无性繁殖——短穗扦插。

(1)茶籽萌发过程：茶籽吸水膨胀，种壳破裂；胚根伸长，向下生长；子叶柄伸长，子叶张开，胚芽伸出种壳向上生长；胚芽向上生长过程中，依次展开 2～4 片鳞叶、鱼叶和3～7 片真叶；顶芽形成驻芽，进入第一次生长休止期。

种子苗的营养特点：异养——单纯由子叶供给营养；双重营养——子叶的供给和真叶光合作用供给；自养——叶片光合作用供给。

生长特点：地下部生长优先于地上部，主干和主根分枝很少。

栽培管理重点：主要保证温度、湿度和通气条件。浸种追芽的气温 10℃ 以上，最适 25～28℃；土壤持水量 60%～70%。浅种薄覆土有利于幼苗出土，施足基肥，并加施适量的速效肥。以需适时遮阴、灌溉防高温、防干旱。

(2)扦插苗发根过程：愈合阶段——切口表面产生愈伤木栓质膜。它是由细胞间隙筛管分泌的胶体物质凝结而成的，具有阻止细菌侵入的作用。愈伤阶段——愈合后的插穗在下端切口附近形成一个疏松的薄壁组织环，即愈伤组织(或胼胝体和瘤状体)，作用是保护伤痕和增加吸水力。发根阶段——由切口木栓形成层和中柱鞘内侧的韧皮部薄壁细胞分裂形成根原基，进而发育成为根原体。根原体分化和不断分裂，逐渐膨大生长，以其顶端从皮孔或插穗茎部树皮与愈伤组织之间伸出，成为幼根。

扦插苗的营养特点：在生根以前主要依靠茎、叶中储藏的营养物质。生根后根系吸收水分、矿质营养。

栽培管理重点：及时供水；塑料小棚保湿；遮阴，降温和减少叶片蒸腾作用。

2. 幼年期

幼年期即从第一次生长休止到茶树正式投产这一时期，约3～4年。这段时间生长习性表现为生理功能很活跃，根系和枝条均迅速扩大，枝条的分枝方式为单轴分枝，根系为直根系；地上部生长旺盛，营养生长十分旺盛，花蕾少，落花落蕾多，结果少。

栽培管理重点：前期做好一、二年苗防高温、防干旱等保苗工作。后期抓好茶树的定型修剪，培养粗壮的骨干枝、形成浓密的分枝树型，为高产优质打下良好的基础。

3. 成年期

成年期指茶树正式投产到根颈处第一次出现自然更新为止（亦称青、壮年时期）。这一时期约20～30年，是茶树生长发育最旺盛的时期。

栽培管理重点：在投产初期，注意采养结合，培养树冠，扩大采摘面。加强肥培管理，使茶树保持旺盛的树势。采用轻修剪和深修剪交替进行的方法，更新树冠，整理树冠面，清除树冠内的病虫枝、枯枝和细弱枝。

4. 衰老期

衰老期指茶树从第一次自然更新到整个植株死亡为止。这一时期可长达数十年。这一时期的长短因管理水平、环境条件、品种的不同而异。一般可达100年以上，而经济生产年限一般为40～60年。

这段时间的生长习性表现为地上部骨干枝衰老或干枯；根颈处萌发徒长枝和不定根（丛生根）；落花落蕾增多，结实率下降。

栽培管理重点：更新修剪后要加强肥培管理，延缓衰老进程。进行定型修剪，培养树冠。经数次台刈更新后，产量仍不能提高的茶树，应及时挖除改种。

（二）茶树的年发育周期

茶树在一年中，从营养芽的萌发、生长、休眠以及开花、结实，一系列生长发育过程，称为年发育周期。年发育周期所表现的规律，称为年周期特性。这种特性由于不同的气候条件，不同的品种，不同的修剪、施肥、采摘措施而差异较大。

1. 茶树新梢的生长发育

一般日平均温度在10℃以上时，茶树新梢开始萌动，16～30℃生长迅速。如气温降到10℃以下时，茶芽停止生长。每年春季，当日平均气温上升到10℃以上并保持稳定时，茶芽进入生长活动时期，此时芽的内部进行着生理生化变化，为细胞的分生和伸长创造条件。

(1)新梢生长的过程。芽体膨大→鳞片展开→鱼叶展开→真叶初展(内卷)→真叶半展(外翻)→真叶展开→所有真叶展开→顶芽休眠(形成驻芽)。

(2)新梢生长的轮性。一年中茶树新梢生长、休止，再生长、再休止的周期性现象称为轮性。新梢生长和休止是茶树的遗传特性，是茶树自身生理机能上的需要，同时在组织上进行分化，为新的生长做准备。在我国大部分茶区，自然生长的茶树，新梢一年的生长和休止，通常分为3轮，广西茶区为4～5轮。

(3)每轮新梢生长规律。同一新梢真叶两端小，中间大。新梢上节间两端长、中间短。原因是生长速度呈现“慢—快—慢”的变化规律。

(4)采摘条件下新梢形态。采摘条件下，可缩短每一轮的生长周期，轮次增加。轮次多少，因生态条件、品种、采留标准而不同。一般热带8～10轮，亚热带5～7轮，暖温带4轮。

生产上，及时采摘，缩短轮次间的间隔时间，轮次增加，是获得高产的重要环节。相反，如果采摘不及时，新梢留得太长，轮次减少，产量不高。

(5)新梢的种类。未成熟新梢：正在伸长和展叶的新梢，也称为活动新梢。成熟新梢：已形成驻芽，停止生长的新梢。对夹叶：叶片节间短，展叶数少(2～3片)。

(6)茶树新梢生长。腋芽形成新梢时间比顶芽多3～7天。影响茶树新梢生长速度的内在因素有品种、营养条件、芽在枝条上所处的部位。同样是腋芽，处于鱼叶、鳞片或发育不充分叶子处的腋芽，发育形成新梢比较迟缓而瘦小。

成熟度与新梢生理作用：1芽3叶以前呼吸消耗量大于光合同化量，1芽3叶以后则相反；当达到成熟时，净光合速率最高。

成熟度与叶片化合物含量关系：随着新梢和叶片成熟，纤维素含量增加，茶多酚、游离氨基酸等含量降低。

展叶的速度：春季5～6天/片叶；夏季1～4天/片叶；一般多为3～6天/片叶。叶片展开后30天左右成熟。着生在春梢上的叶片寿命比在夏秋梢上的长1～2个月，落叶在全年进行，每个品种都有一个大量落叶期。

2. 茶树根系的发育

茶树的地上部分与地下部分是相互促进、相互制约的整体。地下部分根系生长好坏，直接影响到地上部分枝叶的生长。只有根系发达才能有茂盛的枝叶，即所谓根深才能叶茂。当地上部分生长停止时，地下生长最活跃；地上部分生长活跃时，地下部分生长就缓慢或停止，这种现象叫作交替生长现象。

第一次生长高峰，当春季土温达到10℃以上时，根迅速生长，这次发根主要靠上年储藏的养分，以后随着新梢萌发生长，根的生长转慢。第二次生长高峰，从春梢停止生长开始，叶子制造的营养物质转入根系。随着夏梢展开，地上部分消耗的养分增多，根的生长又转入缓慢。第三次生长高峰，茶季将近结束，叶子制造养分向下运输并积累，根系得到的养分相对增加，所以，根系生长最旺，为一年中的最高峰。以后随着地温的下降，根的生长越来越弱。

适宜茶树根系生长的地温为10～25℃，低于10℃或高于25℃都会抑制茶树根系生长，严重时，甚至停止生长。根系的死亡更新主要在冬季12月至翌年2月份的休止期内进行。茶树根系生长活跃时期，吸收能力也最强。因此，掌握根系生长开始活跃前的时期，在加强土壤管理的同时，做到及时施肥，就能收到较好的效果。

影响茶树根系生育的外部因子主要是温度、养分和水分。生产中如能正确调整好这三个因子水平，尤其是保证养分供应，对实现高产优质十分有利。

3．茶树开花结实

茶树开花结实是实现自然繁殖后代的生殖生长过程。茶树一生要经过多次开花结实，一般生育正常的茶树是从第3～5年就开花结实，直到植株死亡。花芽分化时间，一般在6～11月份，个别品种到翌年春季，花芽分化迟的植株，开花结实率低。夏季和初秋分化的花芽，结实率较高。花芽分化到开花，需100～110天。茶树的开花期，在我国大部分地区是从9月至10月下旬，即始花期；盛花期为10月中旬至11月中旬；终花期为11月下旬至12月。影响开花时间的因素主要是品种和环境条件。小叶种开花早，大叶种开花迟。当年冷空气来临早，开花提早；短日照促进提早开花。

种子成熟的标准是外种皮变为黑褐色，子叶饱满且很脆，种子含水量40%～60%，脂肪含量30%左右，果皮呈棕色或紫褐色，开始自果背裂开，达到成熟，可以采收。采收时间一般在10月的霜降后。从花芽形成到种子成熟，需要一年半左

右的时间，在茶树上常常是花果同株。茶树开花数量多，但结实率低，仅占开花量的2%～4%。这也是茶树的结实特点，原因有以下几点：①茶树自花授粉结实率极低，异花授粉受外界条件影响；②花粉比较黏重，不利于风传播，主要依靠昆虫；③花粉有缺陷的多，花粉发芽率低，结实率低；④外界不良环境条件，如阴雨天、气温低、养分供应不足等。

茶树的营养生长和生殖生长既相互联系，又相互制约。茶树营养生长的结果，导致了生殖器官的形成，促进了花果发育，使茶树能有效地繁殖后代。当营养器官生长旺盛，消耗养料多时，生殖生长就受到抑制；相反，当茶树开花结实过多，营养生长就相对减少。当重施氮时，营养生长旺，生殖生长相对受到抑制；当磷、钾营养增加时，开花结果多，芽叶产量相对减少。如果这时摘除花蕾，迫使营养物质集中向芽叶运输，就又能促进营养生长。

（三）茶树生长的生态条件

茶树生长发育过程中，需要一定的水、肥、气、热、光照等条件。而这些条件与土壤、气候等诸多因素有着非常密切的关系。

茶树属于亚热带植物，具有喜光耐阴、喜湿怕涝、喜酸怕碱的生态特性。

1. 土壤

土壤是茶叶生产的基础。茶树生长的优劣和茶叶产量的高低与土壤条件的好坏密切相关。

适宜茶树种植的土质为沙壤土至黏壤土，或夹杂少量砾石。土层深度50厘米以上；pH为4.0～6.5，最佳pH为5.0～5.5；有机质丰富，有机质含量大于1.5%；嫌钙、忌氯。

行间表土层10月到11月间的养分含量不低于以下数值：

有机质1.5%～2.0%；全氮(N)0.10%～0.13%；有效氮(碱解N)100～150毫克/千克；速效磷(稀盐酸浸提P_2O_5)10～20毫克/千克；速效钾(醋酸铵浸提K_2O)80～150毫克/千克。

上述这些土壤条件中，土层、土质和具有酸性是最为基本的，凡是具备了这3个条件的茶园土壤，就有可能通过施肥、耕作等各种土壤管理措施，使土壤结构改善，孔隙率增大，有机质和氮、磷、钾养分增多，水分和空气状况良好，从而成为能够实现丰产的土壤。

在生产上，首先要在建立茶园之前大力做好土地的基本建设。如果土地资源丰富，就要选择有效土层深厚、土质沙黏适中、酸性和比较肥沃的土地来建立茶园。如果条件较差，只能在土薄石头多、高低不平的山坡地上建立茶园，就要修筑梯坎，深耕加泥，增厚土层。

在种茶的时候，对种植沟进行深翻，换入表层肥土，施入大量有机肥料做底肥，以熟化种植沟土壤。其次，在种茶之后，采用深翻改土等多种措施，对茶树行间土壤进行熟化管理，使之形成一个松软肥厚的耕作层，并且改良心土层。

实践经验表明，新建茶园一般要经过8～10年的持续努力，茶叶亩产250千克以上是完全可能的。

2. 气候

温度：生长起点温度为10℃，生长最适温度为16～30℃，气温30℃以上时，生长便会受到抑制。年有效积温大于3500℃。

降水量：适宜区降水量1000毫米以上，最适宜区降水量1500毫米以上。

相对湿度：大于70%，最宜80%～90%。

光照：适度遮阴。

3. 海拔

红茶：低海拔。

绿茶：海拔 800 米以下。

4. 环境

绿色食品茶园周围 5 千米范围之内，无排放有害物质的工厂、矿山等，空气、土壤、水源无污染，与一般生产茶园、大田作物、居民生活区距离 1 千米以上，且有隔离带。

三、茶树品种识别

（一）茶树品种的内涵、属性及类别

1. 茶树品种的内涵

茶树品种是经人类培育选择创造的，经济性状及农业生物学特性符合生产和消费要求，具有一定经济价值的重要农业生产资料；在一定的栽培条件下，依据形态学、细胞学、分子生物学等特性可以和其他群体相区别；个体间的主要性状相对相似；以适当的繁殖方式（有性或无性）能保持其重要特性的一个栽培茶树群体。

2. 茶树品种的属性

从品种定义可知，每个茶树品种具有如下 5 个属性：①特异性；②一致性；③稳定性；④地区性；⑤时间性。

3. 茶树品种的类别

按品种的来源和繁殖方式，可将茶树品种分为以下几类：①有性系品种；②无性系品种；③地方性品种；④育成品种（改良品种）。

（二）茶树品种的选用与搭配

我国是茶树的原产地，利用、栽培茶树最早，长期的自然选择和人工选择形成了丰富的种质资源。我国现有的茶树栽培品种有 600 多个。截至 2003 年 12 月 31 日，经过国家审（认）定的品种有 96 个，省级审（认）定的品种达 120 个。此外，还

有许多生产上利用的地方品种和名枞，品种资源相当丰富，形成了茶树品种特征和特性的多样性。茶树品种是茶叶生产最基本、最重要的生产资料，是茶叶产业化和可持续发展的基础。栽培品种选择正确与否，直接关系到茶叶品质、茶叶产量、劳动生产率以及经济效益。

在品种的选用上要注意对品种萌芽迟早、品种特性进行合理搭配，形成品质特色。例如，用一个当家品种，其面积应占种植面积的70%左右，搭配品种占30%左右。提高茶叶品质可将不同品质特色的品种按一定的比例栽种，可以提高茶叶品质，如香气特高的、滋味甘美的或汤色浓艳的品种，分别加工后将其拼配，可以提高茶叶品质，并形成企业的产品特色。克服“洪峰”现象可将早、中、晚生品种搭配种植。浙江临海涌泉区南屏山茶场的种植经验为早生品种占65%、中生品种占25%～30%，晚生品种占5%～10%。

（三）国家审（认）定的茶树品种简介

我国现有的茶树栽培品种有600多个。部分国家审（认）定的茶树品种简介如下。

1. 祁门种

祁门种，又名祁门楮叶种，为有性繁殖系，属灌木，中叶，中生种。原产安徽祁门县，现今各茶区均有栽培。所制红茶，条索紧细，色泽乌润，回味隽永，有果香味，是制“祁红”的当家品种。所制绿茶，滋味鲜醇，香气高爽。适宜在江南和江北的红、绿茶区种植。

2. 黄山种

黄山种，为有性繁殖系，属灌木，中叶，中生种。原产安徽省黄山市黄山一带，现山东省有较大面积种植。适制绿茶，所制黄山毛峰，白毫显露，色泽翠绿，香气清鲜。有较强抗寒性，适宜在江北茶区栽培。

3. 安徽1号

安徽1号，为无性繁殖系，属灌木，大叶，中生种。在江苏、江西、河南等省有引种。制成红茶，香高味浓。制成绿茶，滋味醇厚，香气清高。适宜于长江南北红、绿茶兼制区推广。

4. 安徽3号

安徽3号，为无性繁殖系，属灌木，大叶，中生种。在江西、河南等省有引种。制工夫红茶，具有“祁红”风格。制绿茶，醇厚爽口，富含嫩香。适宜在江南和江北的红、绿茶兼制区推广种植。

5. 安徽7号

安徽7号，为无性繁殖系，属灌木，中叶，中生种。在江西、河南等省有引种。适合制绿茶，条索紧细，绿润显毫，有兰花香，且滋味鲜醇。可在江南和江北的绿茶产区推广引种。

6. 皖农95

皖农95，为无性繁殖系，属灌木，中叶，早生种。在湖南、浙江等省有引种。适合制红茶或绿茶，品质均优。适宜在江南红、绿茶兼制区推广引种。

7. 杨树林783

杨树林783，为无性繁殖系，属灌木，大叶，中生种。在福建、四川等省有引种。适合兼制红、绿茶。所制绿茶，香高味爽；所制红茶，香郁味浓。适宜在江南茶区推广引种。

8. 福鼎大白茶

福鼎大白茶，又名福鼎白毫，为无性繁殖系，属小乔木，中叶，早生种。原产于福建省福鼎县柏柳乡。在浙江、湖南、湖北、江西、江苏、安徽等省均有引种。制绿茶，品质优，有板栗香；若制成毛峰类名茶，品质更佳；制红茶，品质亦佳，有甜香；也可制白茶。适宜在长江以南绿茶或白茶产地推广种植。

9. 福鼎大毫茶

福鼎大毫茶，为无性繁殖系，属小乔木，大叶，早生种。原产于福建省福鼎县汪家洋村。该品种除在福建推广外，在江苏、浙江、江西、四川、湖北等省均有引种。所制红茶、绿茶和白茶，品质俱优。适宜在长江以南红茶、绿茶或白茶生产区推广种植。

10. 福安大白茶

福安大白茶，又名高岭大白茶，原产于福建省福安县穆阳乡高岭村，主要分布于福建的闽东产茶区。现今，在广西、四川、湖南、浙江、贵州、湖北、江苏、安徽、江西等省（自治区、直辖市）均有种植。适宜于制红茶、绿茶或白茶。所制红茶，香高味浓，色泽乌润；所制白毫银针，芽壮毫显，品质优异，所制绿茶，品质亦属上乘。适宜在长江以南茶区推广种植。

11. 政和大白茶

政和大白茶，简称政大，为无性繁殖系，属小乔木，大叶，晚生种。原产于福建省政和县铁山乡，在福建闽北种植较多。现今，在浙江、安徽、江西、江苏、湖南、四川、广东等地亦有引种。适合制红茶和白茶。制成的红茶，品质与“滇红”相近，香气高，滋味浓，条索壮；制成的白毫银针，色泽鲜白带黄，香气清鲜，滋味醇甜。适宜在长江以南红茶和白茶产区推广种植。

12. 毛蟹

毛蟹，又名茗花，为无性繁殖系，属灌木，中叶，中生种。原产于福建省安溪县虎邱乡福美村。主要分布在福建省，广东、江西、湖南、湖北、浙江等省亦有引种。适合制乌龙

茶、红茶或绿茶。适宜在长江以南的乌龙茶、红茶或绿茶产区推广种植。

13. 梅占

梅占，又名大叶梅占，为无性繁殖系，属小乔木，中叶，中生种。原产于福建省安溪县卢田乡三洋村，主要分布在福建产茶区，广东、江西、安徽、浙江、广西、湖南、湖北等省亦有引种。适合制红茶、绿茶，也可制乌龙茶。适宜在长江以南产茶区推广种植。

14. 铁观音

铁观音，又名红心观音、红样观音，为无性繁殖系，属灌木，中叶，晚生种。原产于福建省安溪县尧阳乡松岩村，主要分布在福建产茶区，广东省乌龙茶产区也有引种。适合制乌龙茶，品质特优，滋味醇厚甘鲜，回甜悠长，香气高强，具有“观音韵味”。适宜在长江以南乌龙茶产区推广种植。

15. 黄棪

黄棪，又名黄金桂，为小乔木，中叶，早生种。原产于福建省安溪县虎邱乡罗岩村，主要分布在福建省的乌龙茶产茶区。广东、江西、浙江等省也有引种。适合制乌龙茶，香气特高，滋味回甘，有“透天香”之称。此外，也可制成绿茶或红茶。适宜在长江以南乌龙茶产区推广种植。

16. 福建水仙

福建水仙，又名水吉水仙、武夷水仙，为无性繁殖系，属小乔木，大叶，晚生种。原产于福建省建阳县小湖乡大湖村。在福建茶区都有栽培。此外，广东的饶平、台湾的新竹和台北、浙江的龙泉等地亦有栽培。适合制乌龙茶，是闽北乌龙的当家品种。制红茶，香气高；制白茶，亦佳。适宜在长江以南乌龙茶、红茶、白茶等产茶区推广种植。

17. 本山

本山，有长叶本山和圆叶本山之分，为无性繁殖系，属灌木，中叶，晚生种。原产于福建省安溪县的西坪和尧阳一带，主要分布在福建省的中部和南部的乌龙茶产区。适合制乌龙茶，有铁观音香，滋味浓厚，色似香蕉，汤色金黄。适宜在长江以南乌龙茶产区推广种植。

18. 大叶乌龙

大叶乌龙，又名大脚乌、大叶乌，为无性繁殖系，属灌木，中叶，中生种。原产于福建省安溪县长坑和兰田一带，在福建茶区均有栽培，广东、江西等省亦有引种。所制乌龙茶，香高持久，滋味浓醇；所制绿茶，品质也较好。适宜在长江以南乌龙茶产区种植推广。

19. 福云 6 号

福云 6 号，为无性繁殖系，属小乔木，大叶，特早生种。由福鼎大白茶与云南大叶种自然杂交后代，经系统选育而成。在福建产茶区有大面积种植，浙江、安徽、广西、湖南、湖北、江苏、贵州、江西等省亦有较多种植。适合制红茶和绿茶，所制红茶，条索细，显毫，色泽乌润，汤色红亮；所制绿茶，有峰苗，汤色晶莹，香高味浓，是制毛峰类名茶的好原料。适宜在长江以南红茶、绿茶产区推广种植。

20. 福云 7 号

福云 7 号，为无性繁殖系，属小乔木，大叶，中生种。由福鼎大白茶与云南大叶种自然杂交后代，经系统选育而成。目前，福建各茶区均有栽培，浙江、湖南、贵州、四川等省亦有引种。适合制红茶和绿茶，所制工夫红茶，条索壮实，色泽乌润，汤色红艳，有“滇红”风格；所制烘青绿茶，条索壮实显毫，汤色黄绿明亮。适宜江南地区的红茶、绿茶产区推广种植。

21. 福云 10 号

福云 10 号，为无性繁殖系，属小乔木，中叶，早生种。由福鼎大白茶与云南大叶种自然杂交后代，经系统选育而成。已在福建产茶区大面积种植，湖南、四川、浙江、贵州、云南等省也有引种。所制工夫红茶，色泽乌润显毫，滋味浓醇，汤色红亮；所制烘青绿茶，白毫显露，滋味甘醇，汤色绿中带黄，香气馥郁。适宜在中南和西南地区的红茶或绿茶产区推广种植。

22. 八仙茶

八仙茶，为无性繁殖系，属小乔木，大叶，早生种。原产福建省诏安县西潭乡八仙村。在福建省茶区种植较广。适合制乌龙茶，香气高锐，滋味浓郁，品质上乘。所制红茶和绿茶，品质亦优良。适宜南方乌龙茶、红茶和绿茶产区推广种植。

23. 凤凰水仙

凤凰水仙，又名饶平水仙、广东水仙，为有性繁殖系，属小乔木，大叶，早生种。原产广东省潮安县凤凰山。现今，湖南、浙江、江西等省亦有引种。所制乌龙茶，滋味浓郁，汤色金黄，香气高锐，品质上乘；所制红茶，香高，味浓，色红艳，亦属上乘。适宜在华南、华中地区的乌龙茶、红茶产区推广种植。

24. 乐昌白毛茶

乐昌白毛茶，为有性繁殖系，属乔木，大叶，早生种。原产广东省乐昌县，目前在广东的不少产茶县均有种植。所制红茶，滋味浓厚，茶汤冷后呈“乳汤”，即“冷后浑”；制成绿茶，白毫密披，品质优良。适宜在长江以南红茶、绿茶产区推广种植。

25. 英红 1 号

英红 1 号，为无性繁殖系，属乔木，大叶，早生种。除广东产茶区种植外，福建、湖南等省亦有引种。适宜制红碎茶，色泽褐红，香气高锐，滋味浓爽，汤色红艳。但抗寒性不强，适宜在华南地区的红茶产区推广种植。

26. 凌云白毛茶

凌云白毛茶，又名凌乐白毛茶，为有性繁殖系，属小乔木，大叶，中生种。原产广西凌云、乐业、田林、百色等县、市。在广西分布较广，在滇东地区亦有引种。适合制红茶和绿茶，所制红碎茶，粒润显毫，滋味浓强，有花香味；所制毛尖绿茶，白毫满披，形似银针，滋味甘醇，有板栗香。用它采制的"凌云白毫"，为广西名绿茶新秀。适宜在桂西、滇东地区红茶、绿茶产区推广种植。

27. 桂红 3 号

桂红 3 号，为无性繁殖系，属小乔木，大叶，晚生种。除广西外，还在广东、福建等省有引种。适合制红碎茶，滋味浓强，有特殊香气。适宜在华南红茶产区推广种植。

28. 桂红 4 号

桂红 4 号，为无性繁殖系，属小乔木，大叶，晚生种。除广西有种植外，广东、福建也有引种。用它所制的红碎茶，滋味浓强，有花香；亦可制乌龙茶。适宜在华南地区的红茶产区推广种植。

29. 湄潭苔茶

湄潭苔茶，又名苔子茶，为有性繁殖系，属灌木，中叶，中生种。原产贵州省湄潭县。除贵州有种植外，四川、重庆、安徽、浙江、湖南、陕西等省(直辖市)的产茶区亦有引种。适合制绿茶，滋味醇爽。适宜在贵州以及江南茶区推广种植。

30. 黔湄 419

黔湄 419，又名抗春迟，为无性繁殖系，属小乔木，大

叶，晚生种。主要种植在贵州产茶区。所制红茶，汤色红艳，香气持久，滋味浓厚。适宜在西南地区的红茶产区种植推广。

31. 黔湄 502

黔湄 502，又名南北红，为无性繁殖系，属小乔木，大叶，中生种。主要种植在贵州产茶区，在四川茶区亦有少量种植。所制红茶，香气持久，滋味鲜爽，汤色红浓；所制绿茶，芽毫显露，滋味浓厚，香气清新。适宜在西南地区的红茶、绿茶产区推广种植。

32. 黔湄 601

黔湄 601，为无性繁殖系，属小乔木型，大叶，中生种。除贵州茶区种植外，在四川、广西等省亦有引种。所制红碎茶，外形显毫，滋味浓强，品质优良。适宜在西南地区的红茶产区推广种植。

33. 黔湄 701

黔湄 701，为无性繁殖系，属小乔木，大叶，中生种。除贵州茶区种植外，广西、四川等省亦有引种。适合制红碎茶，嫩香持久，浓强鲜爽。适宜在西南地区的红茶产区推广种植。

34. 海南大叶种

海南大叶种，为有性繁殖系，属乔木，大叶，早生种。原产海南省五指山一带，主要分布在海南茶区。所制红碎茶，滋味浓强，唯欠显毫。适宜在海南红茶产区推广种植。

35. 信阳 10 号

信阳 10 号，为无性繁殖系，属灌木，中叶，中生种。除河南茶区种植外，湖南、湖北等省亦有少量种植。适合制绿茶，尤适合制毛尖类名绿茶，具有外形紧细，香气高锐，味鲜爽口的特点。抗寒性强，适宜在长江以北，以及高海拔绿茶产区推广种植。

36. 宜昌大叶茶

宜昌大叶茶，为有性繁殖系，属小乔木，大叶，中生种。原产湖北省宜昌市长江西陵峡两侧，是湖北省西部茶区的主要栽培品种。用其制作的“宜红工夫”，金黄多毫，滋味浓厚，汤色红艳；用其制作的“邓村云雾”绿茶，白毫显露，色泽绿润，浓醇爽口，栗香持久。适宜在湖北省的红茶、绿茶产区推广种植。

37. 云台山种

云台山种，又名云台山大叶种、安化种，为有性繁殖系，属灌木，中叶，中生种。原产湖南省安化县，已引种全国10多个产茶省。适合制工夫红茶和绿茶。抗寒性较强，适合在江南和江北的红、绿茶产区推广种植。

38. 槠叶齐

槠叶齐，为无性繁殖系，属灌木，中叶，中生种。除湖南茶区种植外，安徽、湖北等省亦有引种。所制红茶，条紧色润，香气纯正持久；所制绿茶，银毫显露，色泽翠润，香高味醇，是名绿茶“高桥银锋”的当家品种。适宜在江南红茶、绿茶产区推广种植。

39. 槠叶齐 12 号

槠叶齐 12 号，为无性繁殖系，属灌木，中叶，中生种。除湖南茶区种植外，安徽、河南、湖北等省产茶区亦有引种。所制红碎茶，品质上乘；所制绿茶，有板栗香。适宜在江北和江南的红、绿茶产区推广种植。

40. 高芽齐

高芽齐，又名槠叶齐 9，为无性繁殖系，属灌木，大叶，中生种。除湖南茶区种植外，河南、湖北、安徽等省的产茶区亦有引种。所制红茶和绿茶，无论是外形，还是内质，均属优

良。抗寒性强，可在江北和江南的红茶、绿茶产区推广种植。

41. 尖波黄13

尖波黄13，为无性繁殖系，属灌木，中叶，中生种。除湖南茶区种植外，湖北、河南、安徽等省的产茶区亦有引种。适合制红茶和绿茶，品质均为优良。适宜在江北和江南的红茶、绿茶产区推广种植。

42. 宜兴种

宜兴种，为有性繁殖系，属灌木，小叶，中生种。原产江苏省宜兴市，主要分布于苏南地区的产茶区。适制绿茶，品质较优。抗寒性强，适应性广，可在江北和江南的绿茶产区推广种植。

43. 锡茶5号

锡茶5号，为无性繁殖系，属灌木，大叶，中生种。除苏南茶区种植外，安徽、湖南等省亦有少量栽培。所制绿茶，滋味醇爽，香气鲜纯，是名绿茶"无锡毫茶"的当家品种。适宜在江南的绿茶产区推广种植。

44. 锡茶11号

锡茶11号，为无性繁殖系，属小乔木，中叶，中生种。除苏南茶区种植外，安徽、湖南等省的产茶区亦有引种。所制红茶，色泽油润，滋味浓鲜；所制绿茶，香气鲜郁，条紧显毫。适宜在江南的红茶、绿茶产区推广种植。

45. 宁州种

宁州种，为有性繁殖系，属灌木，中叶，中生种。原产江西省修水县，主要分布在江西茶区。适合制红茶，是"宁红"的当家品种，条索紧结有毫，味醇、香郁。也适合制绿茶，香、味均佳。适合在江南的红茶、绿茶产区推广种植。

46. 大面白

大面白，为无性繁殖系，属灌木，大叶，早生种。原产江西省上饶县上沪乡洪水坑。除江西茶区种植外，安徽、湖南、浙江等省产茶区亦有栽培。适合制绿茶，品质优良。所制的名优绿茶“上饶白眉”和“仙台大白”，条壮显毫，香气清鲜，滋味醇甘。适宜在江西绿茶产区推广种植。

47. 上梅洲种

上梅洲种，为无性繁殖系，属灌木，大叶，早生种。原产江西省婺源县梅林乡上梅洲村。除江西茶区有种植外，湖南、浙江等省亦有引种。所制绿茶，香高味浓，耐冲泡，是名绿茶“婺源茗眉”的优质原料。适宜在江西的绿茶产区种植。

48. 宁州2号

宁州2号，为无性繁殖系，属灌木，中叶，中生种。主要分布在江西产茶区。适合制绿茶和红茶，所制绿茶，香清味纯；所制红茶，香浓味甘。抗寒性强，适宜在江西绿茶、红茶产区推广种植。

49. 紫阳种

紫阳种，为有性繁殖系，属灌木，中叶，中生种。原产陕西省紫阳县，主要分布在陕南茶区。适合制绿茶，品质优良。也是名绿茶“紫阳毛尖”“秦巴雾毫”的优质原料。适宜在的绿茶产区推广种植。

50. 早白尖

早白尖，又名早白颠，为有性繁殖系，属灌木，中叶，早生种。原产四川省筠连县，主要分布在四川茶区，浙江、福建、湖南等省亦有引种。所制“川红工夫”红茶，外形秀丽显毫，汤色红艳，香气清纯；所制绿茶，外形和内质均属优良。适宜在四川红茶、绿茶产区推广种植。

51. 蜀永 1 号

蜀永 1 号，为无性繁殖系，属小乔木，中叶，中生种。主要分布在四川茶区，广西、湖南、贵州等省的产茶区也有少量引种。所制红碎茶，浓香持久，滋味甘鲜，汤色红艳，品质上乘。适宜在西南地区红茶产区推广种植。

52. 蜀永 2 号

蜀永 2 号，为无性繁殖系，属小乔木，大叶，中生种。主要分布于四川茶区，在湖南、广西、贵州等省的产茶区也有少量引种。适合制红碎茶，具有香气浓而持久，滋味浓酽而爽，汤色红艳明亮等特点。适宜在西南地区红茶产区推广种植。

53. 蜀永 3 号

蜀永 3 号，为无性繁殖系，属小乔木，大叶，早生种。除四川茶区种植外，贵州、广西等省的产茶区也有少量引种。适合制红碎茶，滋味强爽，品质优良。适宜在西南、华南地区的红茶产区推广种植。

54. 蜀永 307

蜀永 307，为无性繁殖系，属小乔木，大叶，中生种。主要分布在四川茶区，贵州、广西等省的产茶区也有少量引种。适合制红茶和绿茶，外形、内质均为优良。唯抗寒性较弱，适宜在西南地区的红茶、绿茶产区推广种植。

55. 蜀永 401

蜀永 401，为无性繁殖系，属小乔木，大叶，中生种。主要分布在四川茶区，贵州、广西等省的产茶区，也有少量引种。制作的绿茶，有嫩栗香；制作的红碎茶，品质亦优良。适宜在华南的绿茶、红茶产区推广种植。

56. 蜀永 703

蜀永 703，为无性繁殖系，属小乔木，大叶，早生。主要分布在四川茶区，贵州、广西等省的产茶区也有少量引种。适合制红茶和绿茶，制作的红碎茶，滋味浓爽，品质优良；所制绿茶，品质亦属上乘。适宜在华南、西南的红茶、绿茶区推广种植。

57. 蜀永 808

蜀永 808，为无性繁殖系，属小乔木，大叶，晚生种。主要分布在四川茶区，贵州、广西等省的茶产区也有少量引种。制作的红茶和绿茶，香气高锐，品质上乘。适宜在西南、华南的红茶、绿茶产区推广种植。

58. 蔔永 906

蜀永 906，为无性繁殖系，属小乔木，中叶，中生种。主要分布在四川茶区，贵州、广西等省的产茶区也有少量引种。适合制作红茶和绿茶，所制的红茶，品质上乘；所制的绿茶，滋味醇厚，品质亦佳。适宜在华南、西南的红茶、绿茶产区推广种植。

59. 勐库大叶茶

勐库大叶茶，为有性繁殖系，属乔木，大叶，早生种。原产云南省双江县勐库乡。主要分布在滇南、滇西茶区。现今，广东、广西、海南等省的产茶区也有大面积引种。适合制红茶。所制红条茶，金毫满披，香气清纯，滋味浓酽，汤色浓艳。此外，它还是制作滇绿茶和普洱茶的上好原料。抗寒性弱，适宜在滇南和华南地区红茶产区推广种植，并注意防冻。

60. 凤庆大叶茶

凤庆大叶茶，为有性繁殖系，属乔木，大叶，早生种。原产云南省凤庆县大寺、凤山等乡。主要分布在滇西茶区，广东、广西、四川、福建等省已有大面积引种。适合制红茶和滇绿茶，所制工夫红茶，芽毫显露，香气高久，滋味酽醇；所制滇绿茶，白毫满披，滋味浓甘，耐冲泡。抗寒性弱，适宜在西

南、华南的红茶、绿茶产区推广种植，并注意防冻。

61. 勐海大叶茶

勐海大叶茶，为有性繁殖系，属乔木，大叶，早生种。原产于云南省勐海县格朗河乡南糯山。主要分布在滇南茶区，广东、广西、海南等省的产茶区亦有引种。制成的红碎茶，颗粒乌润显金毫，滋味浓强，汤色红浓。也可制作滇绿茶，是名绿茶"南糯白毫"的当家品种，具有满披白毫，香气馥郁，滋味浓甘的特点。抗寒性弱，适宜在西南、华南的红茶、绿茶区推广种植，并注意防冻。

62. 云抗10

云抗10，为无性繁殖系，属乔木，大叶，早生种。已在云南茶区推广。所制红碎茶，香气持久，有兰花香，滋味浓鲜；所制的滇绿茶，白毫显露，滋味浓厚。抗寒性弱，适宜在广东、广西、海南等省的红、绿茶产区推广种植，并注意防冻。

63. 云抗14

云抗14，为无性繁殖系，属乔木，大叶，中生种。已在云南茶区推广。适合制红碎茶、绿茶和普洱茶，无论内质还是外形，均属上乘。唯抗寒性弱，适宜在云南、广东、广西、海南等省的红茶、绿茶产区推广种植，需注意防冻。

64. 鸠坑种

鸠坑种，为有性繁殖系，属灌木，中叶，中生种。原产浙江省淳安县鸠坑乡，主要分布在浙西茶区，现除浙江外，已在湖南、江苏、云南、安徽、甘肃、四川、湖北等省产茶区引种。适合制绿茶，所制绿茶外形细紧，色泽油润，香气高鲜，滋味鲜浓，也是名优绿茶"淳安毛尖"的当家品种。适宜在江南、江北的绿茶产区推广种植。

65. 龙井 43

龙井 43，为无性繁殖系，属灌木，中叶，特早生种。已在浙江、江苏、安徽、江西、湖北等 14 个产茶省(直辖市、自治区)种植。适合制绿茶，所制的“西湖龙井”，外形扁平光直，色泽嫩绿，清香持久，滋味鲜爽，汤色清绿。适宜在江北、江南的绿茶产区推广种植。

66. 龙井长叶

龙井长叶，为无性繁殖系，属灌木，中叶，早生种。除浙江外，已在安徽、河南、江苏等产茶区种植。适制绿茶，香高味醇，品质优良，亦是制作“西湖龙井”的上乘原料。适宜在江北、江南的绿茶产区推广种植。

67. 寒绿

寒绿，为无性繁殖系，属灌木，中叶，早生种，是由格鲁吉亚 8 号后代中，经系统育种而成。适制绿茶，品质优良。适宜在江南的绿茶产区推广种植。江北茶区种植，要注意苗期防冻。

68. 菊花春

菊花春，为无性繁殖系，属灌木，中叶，早生种。它由云南大叶种与平阳群体品种的自然杂交后代中，经系统选育而成。已在浙江、江苏、安徽、四川、江西等省产茶区种植。适合制红茶和绿茶，品质均属上乘。适宜在江南的红茶、绿茶产区推广种植。

69. 碧云

碧云，为无性繁殖系，属小乔木，中叶，中生种。它由平阳群体种和云南大叶种的自然杂交后代，经系统选育而成。已在浙江、湖南、安徽、江西、江苏等省产茶区种植。适合制绿茶，尤其适合制毛峰类绿茶，具有条索紧细，色泽翠绿，香气

高爽，滋味鲜醇的特点。适宜在江南、江北的绿茶产区推广种植。

70. 迎霜

迎霜，为无性繁殖系，属小乔木，中叶，早生种。它由福鼎大白茶和云南大叶种自然杂交后代，经系统选育而成，已在浙江、安徽、江苏、河南等近10个省（直辖市、自治区）的产茶区种植。适合制红茶、绿茶，所制绿茶的外形、内质，均属优良。适宜在江南的红茶、绿茶产区推广种植。

71. 劲峰

劲峰，为无性繁殖系，属小乔木，中叶，早生种。它由福鼎大白茶和云南大叶种的自然杂交后代，经系统选育而成。已在浙江、广西、安徽、江苏、湖北、陕西等近10个省（直辖市、自治区）的产茶区种植。所制炒青绿茶，条索肥壮紧实，绿润显毫，香高持久，滋味鲜浓，是制毛峰类绿茶的优质原料。所制工夫红茶，外形紧细，乌润有毫，香郁味甘；所制红碎茶，品质亦优良。适宜在江南的红茶、绿茶产区推广种植。

72. 翠峰

翠峰，为无性繁殖系，属小乔木，中生，中叶。它由福鼎大白茶和云南大叶种的自然杂交后代，经单株选育而成。已在浙江、安徽、湖北、江苏、江西、河南、贵州、广西等省的产茶区推广种植。所制绿茶，条索细紧，色泽绿润，白毫显露，香高味爽，是制名优绿茶毛峰的上等原料。适宜在江南的绿茶区推广种植。

73. 青峰

青峰，为无性繁殖系，属小乔木，中叶，中生种。它由福云杂交后代，经系统选育而成。在浙江茶区有种植。所制绿茶，品质优良。适宜在长江以南绿茶产区推广种植。

74. 浙农12

浙农12，为无性繁殖系，属小乔木，中叶，中生种。它由福鼎大白茶与云南大叶种自然杂交后代，经系统选育而成。已在浙江、安徽、湖南、广西、陕西、贵州、江西、江苏等省的产茶区引种。所制红碎茶，香高味浓，叶底红亮，品质上乘；所制绿茶，外形绿翠多毫，香高持久，滋味鲜浓，是制名优绿茶毛峰的优质原料。适宜在江南的红茶、绿茶产区推广种植。

75. 浙农113

浙农113，为无性繁殖系，属小乔木，中叶，中生种。它由福云自然杂交后代，经系统选育而成。已在浙江茶区推广。所制绿茶，条索纤细，白毫显明，色泽绿润，清香持久，滋味浓鲜，品质特优，也是制作毛尖类名优绿茶的上等原料。适宜在长江以南、长江以北绿茶产区推广种植。

76. 白毫早

白毫早，为无性繁殖系，属灌木，中叶，早生种。除海南外，已在湖北、安徽、河南等省引种推广。适合制绿茶，尤其适合制毛尖类高档绿茶。抗寒性强。可在江南和江北的绿茶产区推广种植。

77. 宜红早

宜红早，为无性繁殖系，属灌木型，中叶，早生种。由宜昌大叶群体种中经单株选育而成。产量高，适合制红茶、绿茶。抗寒性强，抗旱性、抗病虫性中等，适应性和扦插繁殖能力强。适合在江南及华南绿茶茶区栽培。

78. 颚茶1号

颚茶1号，为无性繁殖系。灌木型，中叶类，早生种。以福鼎大白茶为母本，梅占为父本杂交育成。产量高。适合制绿茶。抗寒性强。适宜在长江以南绿茶区(江南、西南茶区)栽培。

79. 皃早2号

皃早2号，为无性繁殖系。灌木型，中叶类，早生种。产量较高。适合制绿茶、红茶。抗寒性强。适宜江南、江北茶区栽培。

80. 岭头单枞

岭头单枞，为无性繁殖系，小乔木型，中叶类，早生种。由凤凰水仙品种采用单株选育而成。产量高，适合制乌龙茶，也适合制绿茶、红茶。抗寒性较弱。适宜广东、福建等乌龙茶区栽培。

81. 秀红

秀红，为无性繁殖系，小乔木型，大叶类、早生种。由英红1号有性后代中采用单株育种法育成。产量高，适合制红茶。抗寒性较强。适宜在华南红茶区栽培。

82. 云大淡绿

云大淡绿，为无性繁殖系，乔木型，大叶类，早生种。从云南大叶茶群体中采用单株育种法育成。产量高，适合制红茶。抗寒性较弱。适宜在华南红茶区栽培。

83. 赣茶2号

赣茶2号，为无性繁殖系，灌木型，中叶类，早生种。从福鼎大白茶与婺源种自然杂交后代中选育而成。产量较高，适合制绿茶。抗寒性强。适宜在江南绿茶区栽培。

84. 黔湄809

黔湄809，为无性繁殖系，小乔木型，大叶类，中生种。以福鼎大白茶为母本，黔湄412为父本采用杂交法育成。产量高，适制红茶、绿茶。抗寒性强。适宜在西南、华南等茶区栽培。

85. 舒茶早

舒茶早，为无性繁殖系，灌木型，中叶类，早生种。采用单株育种法育成。产量高，适合制绿茶。抗寒性强。适宜在江南、江北绿茶区栽培。

86. 皖农111号

皖农111号，为无性繁殖系，小乔木型，大叶类，中生种。用英德云南大叶种子经辐照选育而成。产量较高。适合制红茶、绿茶。抗寒性较弱。适宜在华南及江南南部茶区栽培。

87. 早白尖5号

早白尖5号，为无性繁殖系，灌木型，中叶类，早生种。从早白尖中采用单株育种法育成。产量高，适合制红茶、绿茶。抗寒性强。适宜在江南、江北茶区栽培。

88. 南江2号

南江2号，为无性繁殖系，灌木型，中叶类，早生种。从南江大叶群体中采用单株育种法育成。产量高，适合制绿茶。抗寒性强。适宜在西南绿茶区栽培。

89. 浙农21号

浙农21号，为无性繁殖系，小乔木型，中叶类，中生种。从云南大叶茶有性后代中采用单株育种法育成。产量较高，适合制红茶、绿茶。抗寒性较弱。适宜在华南和江南南部茶区栽培。

90. 中茶102号

中茶102号，为无性繁殖系，灌木型，中叶类，早生种。从龙井中采用单株育种法育成。产量高，适合制绿茶。抗寒性强。适宜在江南、江北绿茶区栽培。

91. 黄观音

黄观音，为无性繁殖系，小乔木型，中叶类，早生种。以铁观音为母本，黄核为父本采用杂交育种法育成。产量高，适合制乌龙茶，香气馥郁芬芳；也适合制红茶、绿茶。抗寒性强。适宜在华南、西南茶区栽培。

92. 悦茗香

悦茗香，为无性繁殖系，灌木型，中叶类，中生种。从赤叶观音有性后代中采用单株育种法育成。产量较高，适合制乌龙茶。抗寒性强。适宜在华南、西南茶区栽培。

93. 茗科1号

茗科1号，为无性繁殖系，灌木型，中叶类，早生种。从铁观音和黄金桂的杂交后代中选育而成。产量高，适合制乌龙茶，香气突出，品质明显优于福建水仙。抗寒性强。适宜在华南、西南茶区栽培。

94. 黄奇

黄奇，为无性繁殖系，小乔木型，中叶类，早生种。从黄棪与白奇兰的自然杂交后代中采用单株选育法育成。产量较高，适合制乌龙茶，抗寒性强。适宜在华南茶区栽培。

95. 桂绿1号

桂绿1号，为无性繁殖系，灌木型，中叶类，特早生种。从清明早期群体中采用单株选种法育成。产量高，适合制红茶、绿茶。抗性和适应性较强。适宜在广西、贵州、湖南及生态条件相似的茶区种植。

第三节　茶树生长发育对环境的基本要求

茶树是多年生常绿旱地作物，其正常生长发育对环境条件的要求与其系统发育过程有密切的关系。茶树原产于我国云贵高原一带低纬度亚热带区域，在长期的系统发育过程中，逐渐形成了对气候、土壤和地形等环境条件特定的要求，这些环境条件不仅直接决定茶树的生长发育，而且影响茶叶的产量、品质和经济效益。茶树生长发育需要一定的环境条件，只有在适宜的生态因子条件下茶树才能正常地生长发育，反之则影响茶树的生长和发育。

一、气候条件

气象因子中与茶树生长关系最密切的是光照、温度和水分。

(1)光照。茶树喜光耐阴，忌强光直射。茶树有机体中90%～95%的干物质是靠光合作用合成的，而光合作用必须在阳光照射下才能进行。光照条件差的枝条发育细弱。光照充分的叶片细胞排列紧密，表皮细胞较厚，叶片肥厚、坚实，叶色相对深而有光泽，成分含量丰富，制成的茶叶滋味浓厚；相反，光照不足的叶片，大而薄，叶色浅，质地较松软，水分含量相对较高，茶叶滋味淡薄。但是，值得注意的是，茶树生长发育对光照强度的要求并不是越高越好。生产实践证明，夏季中午的光照强度往往过高，不利于茶叶新梢生长和茶叶品质的提高，因此常常采取适当的遮光措施(如间种遮阴树或覆盖遮阳网等)。一般而言，茶树光照强度应控制在3万～5万勒克斯为宜(见图1-11)。

图1-11　林下种茶

茶树生长发育对不同光质反应是不同的。在红橙光的照射下，茶树能迅速生长发育。蓝光为短波光，在生理上对氮代谢、蛋白质形成有重大意义，是生命活动的基础。橙光对碳代谢、碳水化合物的形成具有积极的作用，是物质积累的基础。

紫光不仅对氮代谢、蛋白质的形成有重大意义，而且与一些含氮的品质成分如氨基酸、维生素和很多香气成分的形成有直接关系。试验表明，在夏季覆盖蓝紫色薄膜可以提高氨基酸含量，而覆盖黄色膜则同时显著提高氨基酸和茶多酚的含量。

目前一些高产茶园的光能利用率不足1.5%。提高光能利用率，可大大提高茶叶增产潜力。研究表明，茶树为喜阴植物，不遮阴茶树的光合能力在较强光照(4万～5万勒克斯)下仍比遮阴茶树高，但是在强光(8万勒克斯以上)、高温(34～38℃)和低湿(40%～60%)的协同作用下，叶片暗呼吸和光呼吸速率大幅提高，使净光合速率明显降低，因此适度遮阴能满足茶树耐阴生理习性的要求。就茶叶品质而言，低温、高湿、光照强度较弱条件下生长的鲜叶中氨基酸含量较高，有利于制成香味较醇的绿茶；在高温、强日照条件下生长的鲜叶中多酚类含量较高，有利于制成汤色浓而味强烈的红茶。

为了有效、经济地利用光能，除了做好园地和品种选择外，还可以通过间种遮阴树，夏季覆盖遮阳网，辅以合理密植、人工灌溉、茶园施肥、植树造林等措施来加以调节。

(2)温度。气温与土温对茶树生长发育都有影响。气温主要影响地上部的生长，土温主要影响地下部的生长。它们之间是密切联系的，气温高，地温也随之升高。

茶树的最适生长温度是指茶树在此温度条件下生育最旺盛、最活跃。不同茶树品种的最适生长温度不同，多数品种的最适生长温度为20～30℃，在此温度范围内，如其他生育条件满足其生长需要，则随着温度升高，生育速度加快。

高温可以促进薄壁细胞增厚及液泡形成，促进厚壁组织纤维细胞增厚并木质化，促进新梢茎的木质部发育。所以，气温越高，嫩叶展开与增大增厚也越快。同时嫩叶转变为绿色的速度加快，对夹叶发生量增加，多酚类物质增多，茶氨酸和氨基酸总量下降，使茶叶滋味苦涩，品质下降。

一般认为，适宜茶树经济栽培的年平均气温在13℃以上，茶树生长季节的月平均气温不低于15℃。随着气温升高，新梢生长加快，当气温达到35℃以上时，茶树生长会受到抑制。最适宜新梢生长的日平均气温为18～30℃。秋冬季气温下降到10℃以下时，茶树地上部进入休眠，停止生长。茶树对低温的耐受程度因品种而异，根据不同地区、不同类型茶树品种耐低温的表现，一般把中、小叶种茶树经济生长最低气温界限定为-10～8℃，大叶种定为-3.0～2.0℃。大叶种茶树在气温低于-5℃和小叶种茶树在低于-16℃时，茶树新梢将遭受冻害（见图1-12）。

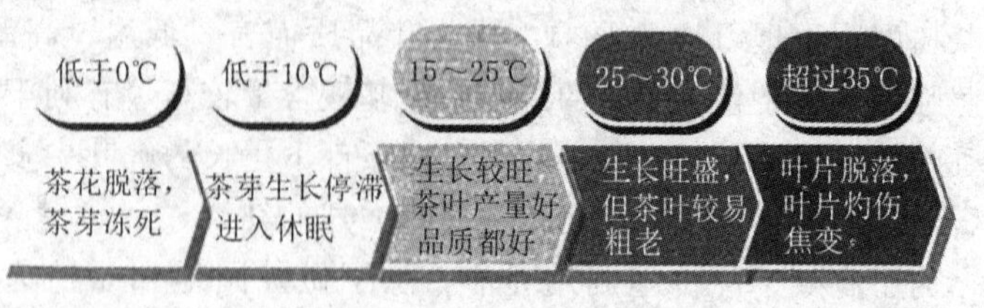

图1-12　茶树生长与温度的关系

早春气温低时，地温更低，为促使茶芽早发，人们常采用耕作施肥和利用地表覆盖技术措施，疏松土壤，加强地上气流与地下气流交换，保温保暖，可有效提高地温，促使根系生长；当夏季到来时，地下5～10厘米土层温度可升至30℃，通过行间铺草或套种牧草等措施，可以降低地温；秋季增加有机肥以及提高种植密度，均能明显提高冬季茶园土壤温度。此外，茶园四周种植防护林也能有效改善地温、气温和空气湿度。

(3)水分。水是植物体重要的组成部分。据测定，茶树植株的含水量达到55%～60%，其中新梢的含水量高达70%～80%。在茶叶采摘过程中，新梢不断萌发，不断采收，需要不断地补充水分。所以，茶树的需水量比一般树木要多。一般认为，在年降水量1000毫米以上、月降水量100毫米以上、空

气相对湿度 70%以上、土壤田间持水量 60%以上的条件下，就可满足茶树的生长发育要求。但并不是水分越多越好。国内外研究认为，在年降水量 2000～3000 毫米，茶季月均降水量 200～300 毫米、大气相对湿度 80%～90%和土壤田间持水量 70%～80%时，最适宜茶树的生长发育。

空气湿度与茶树生长发育的关系表现为空气湿度大时，一般新梢叶片大、节间长，新梢持嫩性强、叶质柔软、内含物丰富，因此茶叶品质好。茶树生长期间要求空气相对湿度在 80%～90%比较适宜；当茶园中空气相对湿度小于 60%时，土壤的蒸发和茶树的蒸腾作用就会显著增加，在这种情况下，如果长时间无雨或者不进行灌溉，就会发生土壤干旱，影响茶树的正常生长发育，出现减产；当空气相对湿度大于 90%时，空气中的水汽含量接近饱和状态，容易导致与湿害相关的病害发生。

茶树对生长环境的土壤含水量也有一定的要求，这一要求随茶树生育时期、品种、土壤质地、孔隙状况及透水性能等的不同而变化(见图 1-13)。在一定土壤条件下，土壤相对含水量为 50%～90%时，随土壤含水量提高，生育量增加。适宜的土壤含水量能促进茶树生长，茶树在土壤相对含水量为 70%～90%时各项生理、生化指标均较高，这一土壤相对含水量是适宜茶树生长的。同时，根系活力及对营养物质的吸收(除钾外)均是加强的。

图 1-13　应用喷灌设施的茶园

二、土壤条件和茶树生长

土壤是指能够生长茶树的地面表层，它能提供茶树生长发育所必需的矿质元素和水分，与茶树之间有频繁的物质交换，因而土壤也是影响茶叶产量与品质的一个重要生态因子。

(一)适合茶树生长的土壤性状

土壤质地、土壤温度、土壤水分和土壤酸碱度都会对茶树的生长产生影响。高产优质茶园土壤的特点与要求应该是，有效土层(耕作层)深厚疏松，矿物质、有机质含量丰富；心土层和底土层紧而不实；土质不黏不沙，既通气透水，又保水蓄肥，以微酸性原始沙壤土为上。

1. 土壤酸碱度

茶树是喜酸忌碱植物，在 pH 为 4.0～6.5 的土壤中均能生长，其中以 pH 为 4.5～5.5 最好。茶树适宜于酸性土壤环境的特性与其根系汁液中含有较多的有机酸有关。另外，酸性土壤还有两个重要特性，一是含有较多的铝离子，酸性越强，铝离子越多。健壮的茶树含铝量可达1%左右，只有酸性土壤才能更好地满足茶树对铝的需要；二是酸性土壤含钙较少，钙虽然是茶树生长的必要元素，但数量不能太多，一般超过0.3%就影响生长，超过 0.5%茶树就会死亡。所以，在碱性土壤或石灰性土壤中不能生长或者生长不良。石灰性紫色土和石灰性冲击土含钙量高，一般为碱性，不宜种茶。

测定土壤酸碱度最简单的方法是用石蕊试纸比色，也可通过实地调查酸性指示植物来判断。一般长有映山红、铁芒箕、马尾松、油茶、杉木、杨梅等植物的土壤都是酸性的，可以种茶。

2. 土壤厚度

茶树根系发达，主根可长达 1 米以上，为保证根系向深度

广度扩展，土层厚度一般不应少于60厘米。我国不论南北，茶区的高产茶园土层厚度都在2米以上，其中有效耕作层在30厘米左右。在土层浅的地方种茶，建园时必须挖沟深翻土50厘米以上。综观各地低产早衰茶园，有不少是忽视土壤深翻所造成的，这在建园时特别需要注意。

3. 土壤质地

一般以沙壤土为好。沙性过强的土壤保水、保肥力弱，干旱或严寒时容易受害；质地过黏的土壤通气性差，茶树根系吸收水分和养分能力降低，茶树生长不好。

在生产实践中，只要土壤酸碱度、土层厚度和土壤质地3个条件能够基本适宜茶树生长的要求，就可通过多年深翻改土、增施有机肥、铺草覆盖和科学施肥、耕作等技术措施，把先天不足的茶园土壤最终培育成为丰产的茶园土壤。

(二)地形条件对茶树生长的影响

茶园地形主要是指海拔、地面坡度和坡向3个方面。

1. 海拔

海拔不同，热量条件就不一样。通常在海拔1500米以下，每升高100米，气温要降低0.3～0.4℃。因此，茶园随着海拔的增高，积温减少，茶树生长期就缩短。在广东，海拔200～700米的茶区，茶树生长良好，茶叶产量和品质也比较好；海拔超过1000米的，茶树生长不如前者，且易染苔藓、地衣和白星病等。但在我国云南等西南茶区，海拔1500米以上栽培的茶树仍然生长发育良好，产量和品质兼优。

2. 坡度

坡度大小关系到接收太阳热量的多少和温度的昼夜变化。据测定，同为向阳的南坡，坡度大的接收太阳辐射量大。但随着坡度的增大，水土冲刷加重，对茶树生长也不利。所以，在选择新茶园时，坡度不应超过25°。因为坡度太陡，不但建园费工，而且管理困难，茶叶产量也难以提高。

3. 坡向

与谷地、平地茶园相比，向阳的坡地茶园由于受光面积大，又能避免或减轻寒风的袭击，冷空气容易下沉，所以冬季的气温相对较高。南坡与北坡相比，获得的热量较多，近地面的地温比较高，蒸发量较大。东坡和西坡的效果介于南坡与北坡之间。不过东坡温度上午高、下午低，西坡正好相反。但总的来说，西坡温度高于东坡。这些情况，在建园规划时应有所考虑。

模块二　茶树繁殖技术

当前茶树种植主要采用两种方式：一是扦插苗种植，二是种子直播。茶树种植包含茶园种植所需要的大量的种苗和种子的繁殖技术。这里讲的茶树繁殖技术主要介绍扦插苗的繁殖和茶树种子的采收、处理与储藏技术。

种子和种苗是农业生产的一种重要资料，发展茶叶生产不仅需要大量的种苗或种子，而且种苗、种子的品质直接影响到新茶园今后的茶叶产量和质量。通过本模块的学习，所以帮助读者正确选择扦插苗圃用地、选择品种、选择枝条、选择扦插和茶果采收的时间；掌握茶树扦插繁殖技术、种子采收、处理与储藏技术，并且熟悉与繁殖过程相关的工作。

第一节　短穗扦插繁殖

由于无性繁殖可以使得其后代性状与母本保持完全一致，可以保持良种的性状，所以无性繁殖是茶树良种繁殖的一种重要途径。目前新育成的良种基本上都是采用无性繁殖技术进行种苗繁殖。

茶树短穗扦插是无性繁殖的一种，由于其繁殖系数高，所以是一种最常用的繁殖方法。

一、扦插时期的选择

短穗扦插一般一年四季都可以进行。但是不同的时期扦插，扦插苗的成活率、健壮程度以及育苗周期各不一样，应当根据当地的具体情况以及农事活动情况确定。

（一）春插

时间：华南茶区，2～3月；江南茶区，3～4月。

插穗：上年秋梢或春季修剪的枝条。

优点：当年可以出圃，苗圃利用率高、周转快。

缺点：成活率不高，矮苗和瘦苗的比率大。原因是枝条中营养物质较少，地温低。

（二）夏插

时间：6月中旬至8月上旬。

插穗：当年春梢或春夏梢。

优点：发根快，成活率高，幼苗生长健壮。

缺点：管理周期长，生产成本较高。

（三）秋插

时间：8月中旬至10月上旬。

插穗：当年夏梢或夏秋梢。

优点：成活率高，管理周期较夏插短，成本较低。

缺点：晚秋扦插当年发根率明显随时间推迟逐步下降。

（四）冬插

时间：10月中旬至12月间。

插穗：当年秋梢或夏秋梢。

优点：可充分利用枝梢。

缺点：对冬春季管理要求较高。

二、采穗母树的培育

要想得到优质的插穗，必须做好采穗母本园的选择工作。采穗母本园多为生产、采穗结合，春茶生产名优茶，春茶后修剪，再采一轮茶芽，之后开始留养插穗。根据灵山县茶场经

验，夏秋养穗，冬季 11 月扦插，一般 1 亩[*] 地的采穗园可以供给 7～8 亩苗圃地用插穗，扦插规格 7 厘米×2 厘米(一拇指宽)，每亩苗圃可繁殖 30 万株茶苗。

应选择品种纯，无混杂，处于成年期，长势旺盛，无病虫害，特别是无难以防治的螨类、蚧类害虫的茶园作为母本园。同时加强对母树和插穗的培育工作，具体措施如下。

(一)加强肥培管理

采穗母本园应该按照高产茶园的管理水平进行管理，并且增施磷、钾肥，使插穗具有较强的分生能力，一般在养穗前一年的秋季，每亩用饼肥 200～250 千克或厩肥 2000～2500 千克，硫酸钾 20～30 千克，过磷酸钙 30～40 千克，拌匀发酵腐熟后以基肥一次性施下。养穗当年在春茶前、剪穗后分别追施纯氮每亩 8～10 千克。

(二)修剪

为培养供扦插用的健壮枝条，对采穗母树要进行修剪。用于夏季扦插的母树在春茶前冬季修剪，用于秋冬季扦插的母树在春茶采摘后初夏修剪。另外，对于生产、采穗结合茶园应该按照深修剪的要求进行修剪。

(三)防治病虫害

母本园在养穗过程中，由于肥培管理良好，新梢粗壮细嫩，再加上不采芽叶，容易遭受病虫危害。因此，在养穗的过程中，应当加强茶小绿叶蝉、螨类、茶尺蠖、茶叶象甲等病虫的测报和检查，发现病虫及时防治。

(四)打顶

打顶可以加快新梢上部柔软茎部的木质化程度，取得更多的插穗，同时促进腋芽的膨大。一般在剪穗前 10～15 天打顶，

---

* 1 亩≈667 平方米。

采去鲜嫩的芽叶。

（五）质量标准

穗条的质量标准参照 GB 11767－2003，低于Ⅱ级为不合格穗条。

(1)大叶品种穗条质量指标，见表 2-1。

表 2-1　大叶品种穗条质量指标

级别	品种纯度/%	穗条利用率/%	穗条粗度 ϕ/mm	穗条长度/cm
Ⅰ	100	≥65	≥3.5	≥60
Ⅱ	100	≥50	≥2.5	≥25

(2)中小叶品种穗条质量指标，见表 2-2。

表 2-2　中小叶品种穗条质量指标

级别	品种纯度/%	穗条利用率/%	穗条粗度 ϕ/mm	穗条长度/cm
Ⅰ	100	≥65	≥3.0	≥50
Ⅱ	100	≥50	≥2.0	≥25

三、扦插苗圃的建立

（一）扦插苗圃地的选择

地点：靠近母本园或待建的新茶园，交通便利。

地势：平坦，坡度不宜超过 5°。如坡度较陡，应修筑阔幅水平梯田。近年越来越多地选择水田作为苗圃，灌溉和管理非常方便。只要土壤排水良好，是完全可行的。

土壤：酸性沙壤土，pH 为 4.0～5.5，无石灰反应。

土层厚度：40 厘米以上。

水源：要有保证，而且宜近。

有难以消除的杂草，前茬作物是烟草、麻类土地或老茶园不宜选择。如有根线虫的土地应进行土壤消毒。

（二）苗圃地的整理

先剔除杂草，经犁、耙，耙碎耙平，根据地形、道路、排灌系统、田间管理的要求等来确定苗床排列布置，尽可能与道路垂直，以便管理。如果是单行遮阴的，苗床宜东西向，以减少早晚阳光从苗床侧面直射茶苗。以水稻田为苗圃的，应在收割稻谷后开沟排水晒田，1个月之后才能进行犁耙。

苗床大小：畦面宽100～120厘米；长15～20米；高度取决于地势和土质条件，一般缓坡地或平地高10～15厘米；地势较低、水田、土壤黏重、排水不良的地高25～30厘米。畦沟底宽30厘米左右，沟面宽40厘米左右。

施基肥：每亩施用饼肥150～200千克，如施用厩肥或堆肥，施用量为饼肥的10倍。基肥必须发酵腐熟后施用，施过基肥的苗圃需待半个月后才能扦插，以免发生肥害。

铺盖心土：整好的苗床，为了提高扦插苗的成活率，还能控制杂草生长，要求铺盖土壤酸性、有机质含量少、通透性好的红壤或黄壤心土。心土经过1厘米筛孔过筛，铺厚度约5厘米。每亩大约需要20立方米的心土。铺好后喷淋足水，待土壤吸水松软后用木拍拍实，准备扦插。

四、扦插技术

（一）采穗枝条的选择与剪取

枝梢标准：插穗应选茎粗3～5毫米，大部分呈红棕色或绿色，半木质化，腋芽膨胀有1～2粒米大，无病虫害，叶片完整的健壮枝梢。

剪取时间：清晨。此时空气湿度大，枝叶含水量多，易于保持新鲜状态。

采下枝梢的处理：最好是当天剪穗，当天扦插；异地取枝需要储运的，应储放在阴凉潮湿的地方，注意浇水，运输时要放在透气的竹筐中，充分喷水，枝条铺放厚度以5～10厘米为宜。储运不能超过3天。

剪穗的标准：3～4厘米长的短茎(两指宽)，带有1片成熟的叶片和1个饱满的腋芽。剪口必须平滑，并稍有一定的倾斜夹角，腋芽和叶片要完整无损，不可剪坏。节间太短的，可把2节剪成一个插穗，并剪去下端的叶片和腋芽。

(二)插穗处理

目的：插穗剪好后，一般不经过任何处理就可以扦插了。但是，如果用植物生长素类药剂处理插穗，据资料介绍，可提早1/3时间生根。

药剂处理方法：①插穗浸拌，将整个插穗在药液中拌一下。②插穗基部速浸，将激素配成较高浓度的溶液，并用50%乙醇配制，以加速渗透。扦插时将插穗下端剪口在药液中速蘸一下立即扦插。

药剂配制浓度：①插穗浸拌常用浸泡药剂有下面几种：α-萘乙酸80 μL/L；2，4-D 50 μL/L；α-萘乙酸50 μL/L＋吲哚丁酸50 μL/L。②插穗基部速浸浓度为上述药剂浓度的10倍，并用50%乙醇配制。ABT生根粉的用量为100～300毫克/千克，并用50%乙醇配制。

(三)扦插密度

扦插行距7～10厘米，株距2～4厘米。

(四)扦插方法

1. 喷湿苗畦

在扦插前4～5小时，或前一天傍晚，先将苗畦充分洒水，待水分渗透后，土壤呈湿而不黏的松软状态时，进行扦插最为适宜，不仅可防擦破茎皮，而且插穗的下端也容易与泥土密

合。如果苗畦的土壤太潮湿，扦插时容易黏手、质量差，工效亦受影响。

2. 扦插

先按扦插行距要求，用一块 7 厘米宽的木板画好行线，按株行距要求将插穗垂直或稍斜插入土中，露出叶柄，避免叶片贴土，叶片朝向应视扦插当季风向而定，必须顺风，否则，母叶易受风吹而脱落，影响成活。边插边用手指将土壤稍加压实使插穗与土壤紧密接触，有利于吸收水分和发根。插不稳而被风吹松动的，也会影响成活。

五、扦插苗圃管理措施

（一）水分管理

插穗扦插后生根前主要是依靠茎部剪口从土壤中吸收水分，同时叶片也可以从潮湿的空气中吸收少量的水分，维持插穗体内水分平衡和正常的生理代谢活动。如果不能保持一定的土壤和空气湿度，吸水就发生困难，造成吸收的水少于叶片蒸腾的水，会导致插穗体内水分失去平衡而死亡。但是，如果土壤含水量太高，又会造成土壤空气不足，插穗剪口缺氧，呼吸困难，难以发根。一般保持土壤持水量 70%～90%为好，发根之前可高些，为 80%～90%。随着插穗开始发根或气温降低，土壤持水量可以低一些。

为了省工，铺盖心土拍实后也可以用地膜覆盖封闭畦面，不必每天浇水。

（二）阴棚管理

为了避免阳光的强烈照射和减少水分蒸发，扦插苗常常需要遮阳。过去茶区育苗用一种铁芒箕直接插在畦面上遮阳，也有搭棚铺草遮阳。目前广泛应用遮阳网，遮阳效果很好。这种黑色的遮阳网直接固定在遮阳架上（平顶棚、拱顶棚均可），浇水也不用揭开，具有成本低、管理方便、使用寿命长等优点，冬季还具有一定的挡风、保温作用，是一种比较理想的遮阳材料。

各地采用的遮阳棚形式很多，按高度不同可分为高棚（高于人的）、中棚和矮棚（50 厘米以下）。按结构不同可分为平顶棚、单面斜棚和拱形顶棚。按搭棚材料不同可分为竹棚、木棚和金属架棚。

搭盖阴棚固然可以避免强烈阳光照射插穗，提高扦插苗的成活率，这往往是专业育苗场所采用的方法，但毕竟是一项费工、费时而且费钱的方法。为了降低育苗成本，可以让扦插苗生根前这段时期避开春、秋阳光强烈且少雨时节，效果也相当不错。

目前还有更先进的全光照自动喷雾砂床育苗法。

（三）合理追肥

开春后茶芽开始萌发生长，对营养物质的需要随之增加，必须及时给予补充。但是这时茶苗根系还不是很发达，地上部分也十分细嫩，因而不宜浓肥，必须掌握先淡后浓、少量多次的施肥原则。春茶前期追肥可用加水稀释 10 倍以上的腐熟有机肥，或 0.2%的尿素，或 0.5%的碳酸铵水溶液淋施。茶苗长到 10 厘米左右时，可把肥料浓度提高 1 倍，每 10～15 天施一次，整个春茶期间施 4～5 次，每次施的水肥量每亩 1500 千克左右。夏茶期间一般不再施肥，以控制茶苗高度，防止徒长，促进分枝。秋季视茶苗长势，酌情施 1～2 次肥，这时可以干施，在叶片干燥时，将肥料均匀撒在苗床上，并轻轻拂动茶苗，使落在茶苗上的肥料掉到苗床上。干施每亩用量为 5～6 千克（以上两种化肥），施肥后浇水一次，以加快肥效。

（四）病虫草害防治

苗圃环境潮湿，扦插苗容易染病，最好在插后立即喷一次波尔多液（每 100 升水加 0.3～0.35 千克的生石灰和 0.6～0.7 千

克硫酸铜)，以后发现病害及时喷药。

苗圃茶苗鲜叶嫩，容易招引害虫危害，特别是靠近生产茶园的苗圃，更是严重。茶苗圃常发生的害虫主要有茶蚜、茶小绿叶蝉、茶尺蠖等。在害虫发生季节要经常检查，一旦发现，做好应对措施，进行防治。

此外，还要注意防除杂草。杂草要拔早、拔小，如因拔草而松动插穗周围土壤时，应及时压实。

六、苗木出圃与装运

不同时期扦插的茶苗，1～1.5 年就可以达到出圃标准。一般于每年早春和初夏出圃移栽。

(一)茶树苗木质量标准

茶树苗木质量标准参照 GB 11767－2003，Ⅰ、Ⅱ级为合格苗，低于Ⅱ级为不合格苗。

(1)无性系大叶品种扦插苗质量指标，见表 2-3。

表 2-3 无性系大叶品种一年生扦插苗质量指标

级别	苗龄	苗高/cm	茎粗	侧根数/根	品种纯度/%
Ⅰ	一年生	≥30	≥4.0	≥3	100
Ⅱ	一年生	≥25	≥2.5	≥2	100

(2)无性系中小叶品种扦插苗质量指标，见表 2-4。

表 2-4 无性系中小叶品种扦插苗质量指标

级别	苗龄	苗高/cm	茎粗 ϕ/mm	侧根数/根	品种纯度/%
Ⅰ	一足龄	≥30	≥3.0	≥3	100
Ⅱ	一足龄	≥20	≥2.0	≥2	100

(3)GB 11767－2003 的部分术语定义：

大、中小叶种：用“叶长×叶宽×0.7”计算值表示，叶面积大于40平方厘米为大叶种，小于40平方厘米为中小叶种。

苗龄：从扦插到苗木出圃的时间，满一个年生长周期的称一足龄苗，未满一年的称一年生苗。

苗高：从根颈至茶苗顶芽基部间的长度。

苗粗：距根颈10厘米处的苗干直径。

（二）起苗

起苗时，苗圃土壤必须湿润疏松，才有利于保护细根。如果苗圃土壤太过干燥，应该在起苗前一天浇透水，起苗才可多带细根。

起苗的最佳时间为阴天或早晨、傍晚。

起苗后，及时用黄泥浆浆根，目的是保护那些乳白色的细根（吸收根）不至于失水干枯，但是一定不能长时间浸泡在水里，否则细根就会缺氧发黑坏死。浆根后也要注意不能堆放太过密实不通气。如果用ABT生根粉3号，浓度为10毫克/千克（100升水放1克生根粉）的溶液进行，可促使茶苗根系恢复，提高茶苗成活率。

（三）包装

外运茶苗，途中需用2天以上时茶苗必须包装。将茶苗每50株捆成一束，然后用稻草捆扎根部，上部约一半露出外面。如长途运输，最好再用竹篓或蔑篓等装载。

（四）运输途中的管理

起运前用水喷湿茶苗。运输过程中，茶苗不要互相压得太紧，注意通气，避免闷热脱叶，防止风吹日晒。茶苗到达目的地后，应当立即组织人员卸车，将茶苗解捆散开，放置阴凉处。不可放置过密，避免不通气发热掉叶，同样还要注意地面排水，防止浸坏根部。较长时间不能种植的，必须做假植处理。选择避风背阳的地方，将茶苗散开成行假植，不踩实，密度比苗圃要疏。

第二节　种子采收、处理与储藏

虽然有性繁殖其后代不可能保持完全一致，但是其繁殖方法简单，种子储运方便，繁殖成本低，对于一些性状比较稳定的有性系优良品种，如凌云白毛茶，至今仍然是以种子繁殖为主。

一、留种园选择

目前生产上很少设有专用的留种园，一般都是在采叶园中采种，常常是有种就采，茶籽混杂，后代经济性状差异大，不符合繁殖良种的要求。为了满足生产需要，在现有的采叶园中，通过去杂保纯、去劣保优等提纯复壮改造，建立采叶采种兼用的留种园。

兼用留种园的选择：一要选择经济性状普遍优良的茶园；二要选择茶树生长旺盛的成年茶树；三是对茶园中混杂的异种、劣种茶树，采用重剪重采办法，不让其开花授粉，或者挖去补种。

二、茶树留种园田间管理

(一)采养结合

不同的采摘方式，茶籽产量由高至低的变化规律是：

不采＞留夏秋茶采＞留夏茶采＞留秋茶采＞全采从春茶的效益出发，留种可以采春茶，再退一步还可以采春秋茶，做到鲜叶产量和茶籽产量都得到兼顾。

(二)加强肥培管理

采种茶园需要适量的氮肥，而磷、钾肥是形成花芽和茶果不可缺少的元素。我国南方的砖红壤和红壤茶园，有机质缺乏，缺氮(N)、缺钾(K)、缺磷(P)严重，对营养生长和生殖生长都不利，因此，必须通过施肥及时补充养分。一般认为留种园N、P、K比例为1∶1∶1较为适宜，茶树长势差的，可提高氮素比例至3∶2∶2。

每年的6～10月，是茶树花芽的有效分化期，再加上上一年幼果的迅速生长，茶树需要大量的养分，如果不适时追施肥料，必将造成养分脱节以致引起大量的落花落果。一般采叶兼用的留种园，氮肥可以按照采叶茶园标准施，按上述三要素的配比，磷、钾肥分两半施，一半是同基肥混合施入，另一半是在春后(5月下旬)或二茶后(6月下旬)施入。

(三)适当修剪

留种园的轻修剪选择在冬季茶树休眠期进行，修剪技术与采叶茶园相同。

三、茶果采收和处理

10月霜降节气采收茶果。茶果收回后，薄摊在室内阴凉干燥处，厚度不超过10厘米，防止发热烧坏种子。待到果壳发软或开裂后，取出种子。

种子可以摊放在室内干燥的地面上，厚度15厘米左右，上面用稻草等掩盖保湿，种子含水量25%～30%，作短期储藏。

第三节　茶树繁殖的原理

一、茶树繁殖的种类和特点

茶树繁殖是茶树品种、单株或群体滋生、繁衍后代的一种生命活动过程，繁殖过程的起点是茶树个体生长发育的开始。根据繁殖个体起源的不同，茶树繁殖的方法可分为有性繁殖和

无性繁殖。有性繁殖又称种子繁殖，个体来源于雌雄性细胞的结合。无性繁殖又称营养繁殖，个体来源是营养体。

（一）有性繁殖的特点

优点：①遗传性复杂，适应能力强，有利于引种、驯化，可以提供丰富的选种材料；②茶树主根入土深，抗旱、抗寒能力强；③繁殖技术简单，苗期管理方便省工；④便于储藏运输，有利于良种推广。

缺点：①个体发育不一，经济性状复杂，生长差异大，不利于管理，不便于加工。②不适合建立整齐统一茶园的要求。③结实率低或不结实的良种，就难于繁殖。

（二）无性繁殖的特点

优点：①保持良种的特征特性；②后代性状一致，有利于建成均一茶园，管理采收方便；③繁殖时间长，繁殖系数大，有利于迅速推广良种的数量（尤其是组培）；④克服某些不结实良种用种子繁殖的障碍。

缺点：①繁殖技术要求高、耗费劳动力多，费工、费时；②母株病虫害容易通过苗木传染后代，抗病性弱；③苗木储运比种子困难。

二、有性繁殖的原理

（一）茶树开花

茶花为两性花，由花柄、花萼、花冠、雄蕊和雌蕊 5 部分组成。萼片一般为 4～7 片，多数 5 片，花冠白色，少数呈粉红色，直径 2.5～5 厘米，多数 3～4 厘米。花瓣一般为 6～8 枚，个别品种可达 10 枚以上，分两层排列。雄蕊多数，200～300 枚，每个雄蕊由花丝和花药构成，花药有 4 个花粉囊，内生无数花粉粒。雌蕊由子房、花柱和柱头 3 部分组成，柱头 3～5 裂，开花时分泌黏液，便于花粉附着和发芽。多数品种属高位雌蕊（约占 50%），少数为低位雌蕊(约占12%)，中位雌蕊居两者之间(约占34%)。子房3～4室，多数3室，每室有胚珠4个。

茶树的茶芽分化期因新梢的轮次不同而异，第一轮新梢约在6月前后，至第四轮新梢10月中旬分化，因此花期也长，从8月下旬至12月下旬。

(二)茶树传粉方式

茶树花粉比较黏重，主要依靠昆虫传播。花粉发芽率低，这是一些茶树品种结实率低的主要原因。

(三)茶树结果

茶花授粉后的子房进入几个月的休眠期，翌年4～5月份继续发育分化，形成茶果。茶果再经过几个月的发育，霜降前后茶籽成熟，一般每年10月下旬可以采收。

茶果为蒴果，成熟后果壳开裂，种子落地。茶树的种子没有胚乳，具有两片肥厚的子叶，子叶中储藏种子萌发时所需的营养物质。因此，茶种子属于湿藏种子，不宜失水太多，大叶种种子含水量应当保持在25%～40%，中小叶种种子含水量应当保持在22%～40%，低于含水量下限，种子的发芽率将下降。

三、短穗扦插繁殖的原理

插穗扦插后，红棕色和绿色枝条的不定根原基分别发生于木栓形成层和中柱鞘内侧的韧皮部薄壁细胞。

不定根形成所需要的时间因扦插时期和茶树品种不同而有差异。一般在气温较高的季节扦插，不定根形成快于低温季节扦插，所以夏插发根最快，秋季次之，春季和冬季扦插发根所需要的时间较长。

扦插后的第一个月，基本是插穗恢复时期，随后开始缓慢生长，往后生长的速度也随之加快。茶苗地上部和地下部呈交替生长的现象。

模块三　茶园建设

第一节　茶园规划

一、茶园规划的基本原则

茶树是多年生植物，经济寿命长，前期投入多，因此，在准备建设新茶园之前，必须首先在调查研究的基础上认真做好新茶园建设的可行性分析，对建设新茶园的经济效益前景进行科学的论证。在新茶园建设之前，还必须做好有关规划，为日后茶园优质高产高效打下良好基础，同时也可避免因建设不当造成不必要的损失。新茶园建设规划的基本原则有以下几点：

(1)选址。新茶园的地址，首先要符合茶树的生长特性和对生态环境的要求，同时还要求气候适宜，土层深厚，交通相对便利，没有严重污染源，附近有水源，坡度不超过25°。

(2)品种选择。良种是现代茶叶生产的根本基础，要结合本地的气候资源，根据所要生产的符合市场需求的茶类，选择品质好、抗逆性强、产量高的优良品种，同时注意不同发芽特性(早、中、晚)品种的搭配。

(3)种植标准和方式。选择适宜的种植密度是建设新茶园的重要基础，要根据品种的分枝特性、地势环境、生产水平(如机械化程度)等条件，确定合适的种植标准，保证合理密植。

(4)园地建设。按照实际情况，划区分块，设置园区道路；

因地制宜建立蓄、排、灌水利系统；提出园地开垦方式和方法，如确定是否需要修筑梯田、采用人工还是机械开垦等；注意改善茶园生态环境条件，选择适宜的树种营造茶园防护林、行道树网或遮阴树。

(5)制订有关技术规程。对道路、水利建设、园地开垦、底肥施用、茶树种植、环境建设、幼苗期护理等逐一制订技术操作规程。缺乏技术力量的单位可以委托有关科研、教学单位或业务管理部门代为拟订。

(6)资金、材料与进度计划。在作出规划时，要根据所需各项物资、技术，制订严密的财务计划，落实资金来源；根据当地的技术力量、劳力状况、物资材料供应能力，合理确定建设进度。

二、茶园规划

茶园规划要坚持“远景规划、合理布局、因地制宜、适当集中”的方针，体现以茶为主、多种经营的原则。规划内容要满足实现农业机械化、水利化、园林化、梯田标准化、良种化的要求，达到无公害、稳产、高产、优产的目的，并能有效地保持水土。

合理规划茶园，要经济合理地利用土地。30°以上的陡坡地应划为林地，因坡度愈大，土壤冲刷也较严重，修筑梯地不仅费工多，土地利用率也低。如在35°陡坡地开辟梯面宽1.67米的梯级茶园，各条等高线之间的坡距为3.83米，梯壁高度为2.20米，实际土地利用率仅43.60%，土地的利用很不经济，茶园管理也不方便。5°以下坡地可划为粮食生产基地或发展其他经济作物；坡脚可划为饲料基地或畜牧区；洼地谷地可挖掘水塘，扩大水源。山的相对高度较高，坡面过长时，在山顶要划出一定面积的林地。

茶园区划范围确定以后，即可进行区、片的划分及道路、

排灌系统及梯地的设计。

（一）场部设置

开辟新茶园时，要规划好场部和茶厂的建设用地。场部和茶厂一般选择在交通方便、地势干燥、水源良好、有发展余地的地段。

（二）茶园区、片、块的划分

为有计划地安排劳力、机械化经营管理茶园，规模较大的茶场应划分若干个作业区，坡地茶园作业区面积一般为150～200亩；集中连片缓坡地茶园，作业区面积可稍大，一般为300亩左右。划分时要以明显的自然地形标志，如河流、湖泊、山路、山谷、水库、池塘等为界。

一个作业区又划分为若干片，中、小型茶园只分片和块。坡地茶园分片以自然水沟、分水岭划分，如一个山头一片，一般为30～50亩。为便于分批采摘，一个片又分若干块，每块茶园的面积数亩或10余亩不等，但茶行长度以50米左右为宜。

（三）道路设计

根据茶园面积的大小，茶园道路应以场部和茶厂为中心，要与茶园的规划相一致，合理设置主干道、支道和步道，做到路路相连，畅通无阻。

(1)主干道。主干道连接各个作业区和初制所，是输送肥料、鲜叶的主要道路。若茶园离交通线较近，应修主干道通往公路，路宽6～7米，路坡应在5°以下，使汽车、拖拉机能自由行驶，而且要按地形分段留出汽车、拖拉机转弯及堆积肥料、集中鲜叶的地方。

(2)支道。支道与公路和步道连接，贯穿各片茶园，一般宽3～4米，可以通行手扶拖拉机、畜力农具及手推车等。

(3)步道。步道是为采茶和茶园管理人员进出茶园和送肥人员而设置的，又是茶园分段分块的界限。步道一般宽1.5米，路坡最好不超过10°，除园边有支道和步道与茶行平行外，在10°以下坡地，多数步道应与茶行垂直，把茶园划分为长方形，与茶行垂直的步道之间的距离以50米左右为宜。坡度在10°～20°的茶园，为减少冲刷，减轻采茶和送肥时的劳动强度，上山步道应与茶行斜交，以保持路坡在10°左右，把茶园划成平行四边形、梯形或近似的平行四边形或梯形。20°以上坡地的上山步道，要降低路坡至10°左右，步道与茶行相交的斜度较大。为使茶园分块比较整齐，减少割断茶行，应设“之”字形上山步道，约10米长设一个弯。

（四）排蓄水系统的安排

水是植物细胞原生质的重要组成成分，也是茶叶高产、优质的重要因素。茶树苗期需要足够的水分，否则会大大降低移栽后茶苗的成活率。茶树既需要较多的水，又怕积水。因此，要做好保水、供水、排水三方面的规划，修建供水、排水设施。

(1)排蓄水系统。茶园的排蓄水系统以蓄水为主，排蓄兼顾。茶园水沟大致分为隔离栏山沟、等高截水横沟、梯面内侧小蓄水沟及纵排水沟4种。设沟多少，应根据当地雨量、茶园地势、坡面长短以及土壤质地等情况决定。如雨量较多，坡面长而陡，土壤透水性差，排水沟道要多设；反之，则可少设。

①隔离栏山沟。在坡地茶园上方与林地交界处开等高隔离沟，可拦截雨季山洪，以免冲毁茶园，并能拦截雨水，使其在雨后为茶园土壤所吸收。在雨量较多的地区，茶园上方林地面积较大的，其隔离栏山沟最好用混凝土修筑。在旱季，兼作引水灌溉的干沟，沟宽约1米，深70～80厘米，沟内向一端呈2°～3°倾斜。若用土筑实的，沟壁呈60°～70°倾斜；若用混凝土筑的可呈80°倾斜。沟中挖出的泥土填在下方作为沟埂(道路)，沟的一端通过纵排水沟排出的多余积水流入池塘、水库。

②等高截水横沟。坡面长的茶园应分段设置截水横沟，每隔 50～60 行茶树或 40～50 台梯地设置 1 条，以截断上段茶园和道路多余雨水，减少茶园土壤冲刷。沟宽 50 厘米，深 30～40 厘米，相隔 10 米长挖 1 个稍比沟深的沉沙池，以沉积泥沙。

③小蓄水沟。在梯地茶园每个梯面内侧开蓄水沟，沟宽 15～20 厘米，深 10～15 厘米，以积蓄雨水。雨量较大时，雨水积蓄于沟中，再缓缓渗入土层中，供茶树生长之需要，避免雨水沿梯面外流侵蚀或冲垮梯壁，新开茶园更有必要设置小蓄水沟。

④纵排水沟。纵排水沟用来汇集隔离沟、等高截水横沟内多余积水并将其排出园外，一般可利用天然山箐加以修筑，接通池塘、水坝。这样既适应原山势排水，又节省劳力。切忌从山坡上(10°以上)顺坡开纵排水沟造成严重冲刷。

(2)灌溉系统。茶树在整个生长发育过程中，特别是在生长季节中，需要充足的水分和较高的相对湿度。实践证明，提高幼龄茶园定植后的成活率及投产茶园的鲜叶产量，茶园灌溉是一项重要措施。在园地规划时，灌溉系统的设置是不可忽视的部分。随着水利事业的发展，喷灌技术近年来推广应用效果显著。喷灌设施占地面积小、节省劳力、节约用水，又能提高茶园的空气湿度。在园地规划时，要计划修建可供茶园灌溉的水库、池塘。原有的水库、池塘容量较小的，应留有余地，计划逐年扩大。

引水自流喷灌的茶园，干沟尽可能设在高处，水沟沿主干道或支道设置。坡地茶园沿等高线设支沟，支沟设在各茶行上方，纵向应有一定比降。

(五)防护林及遮阴树的设置

茶树是喜温耐阴作物，喜湿润、喜漫射光。在茶园的四周布置防护林，在茶园内部种植遮阴树，可以保持水土，减少茶树受寒、受旱、受风危害，改善茶园小气候，促使茶树生长良好，提高茶叶品质。

茶园防护林的设置，既要起到防风、防寒、保持水土的作用，又要少占茶园面积和不影响茶园管理机械化，应尽量利用路边、水沟边及茶园边的空地栽种防护林。

在冻害、风害严重的地方，防风林一定与风向垂直，防护范围为树高的15～20倍。如栽种乔木型树种，树高约20米，就按400～500米种植1条主林带，行距为2～3米，株距为1.0～1.5米，前后交错成三角形栽植，两旁栽种灌木型树种。

在山脊、山凹、茶园地边、茶园隔离栏山沟、等高截水横沟、主道、支道两旁种树作为护林带时。防护林要选择枝叶繁茂、有经济价值的速生树种，在主要林带可种植板栗、核桃、油桐、樟树、油茶、桤木树、杨梅、杉树、马尾松、竹类等。

在主干道、支道、茶园隔离栏山沟、等高截水横沟旁宜种植榕树、银刺槐、相思树等行道树。

在茶园内种植遮阴树不宜过密，遮阴过重会影响茶叶产量，茶园每亩栽6～8株。为了不影响茶园机械化耕作，等高条植茶园可种植于茶行之中，梯级茶园可定植于梯壁上，行距10米，株距5米，或每隔30～50行茶树种植1行，位置相互交错，可种植樟树、桤木树、油茶、木姜子、相思树等。在梯壁上相间种植三叶豆、山毛豆、大叶猪屎豆等多年生豆科树木。

第二节　茶园开垦

园地开垦是茶园基础建设工作之一。开垦过程中，必须按照总体规划设计，以水土保持为中心，深翻改土为重点，并根据不同地形地势，确定开垦时期、方法和施工要求，严格掌握开垦质量。为了加强水土保持，凡是坡度在15°以内的缓坡地，

按一定行距实行等高开垦种植；坡度在15°以上的陡坡地，必须沿等高线修筑水平梯田，建立梯级茶园。

一、茶地的清理

茶地开垦前，在园地范围内要清理地面，砍除树木(可作为防护林、遮阴树的除外)，刈除杂草，并清除地面的石头，挖出较大的树桩、树根，挖平土堆。清理地面时，把茅草全部挖出，地下茎全部拣除；挖出蕨根，然后挖高填低，初步进行土地平整。主干道、支道规划后要打桩作标志，尽量保留路边和排、蓄水沟边的原有林木。

二、平地及缓坡地的开垦

平地茶园地势平坦，地形一般也比较规则，开垦工作较容易，只要进行初垦和复垦两次深耕，开垦工作即告完成。初垦全年都可进行，如安排在夏季或冬季更为适宜。耕翻后的土块经烈日曝晒或严寒冰冻，有利于土壤熟化。初垦的深度要求50厘米以上，如有硬塥土层(如黄棕壤、水稻土)，则必须打破。耕后的土块不必立即整碎，这样有利于蓄水和熟化，提高土壤深耕效果。地面上杂草要深埋，以增加土壤肥力。复垦在初垦后进行，目的是进一步清除杂草，平整地面。复垦工作完成后即可进行划行种植。

坡度在10°～15°的坡地为缓坡地。由于缓坡地受雨水冲刷不太严重，但地形比平地茶园复杂，在开垦时要沿等高线横向开垦，这样可使坡面达到相对一致。有些地方的缓坡地，土壤结构差，冲刷严重，要加客土，以达到园面平整和土层深厚的要求。缓坡地开垦与平地一样，也要进行初垦与复垦。

三、坡地茶园的开垦

15°～30°的山坡应开垦成水平梯级茶园，以保持水土，便于管理。

(一)梯级茶园的设计与施工的原则

为了避免冲刷，充分利用雨水，并便于茶园的机械化耕作和采摘，坡地茶园应采用等高种植或把坡地开成梯地，但开梯后，梯壁占了一定的面积，土地利用率低。如5°坡地筑成1.67米宽的梯面，需要1.98米的坡长，土地利用率为84.34%；10°坡地开梯，1.67米宽的梯面，需要2.1米的坡长，土地利用率为79.14%。为了保持水土，又合理经济利用土地。梯级茶园的设计与施工应掌握以下原则：

(1)梯面宽度要适合茶树生长，便于日常作业。

(2)茶园建成后，要能最大限度地控制水土流失，下雨时能保水，需水时则能灌溉。

(3)梯面长度50米左右，同梯等高，大弯随势，小弯取直。

(4)梯面外高内低呈2°～3°，泥土梯壁斜度为60°～70°，石坎梯壁可砌成80°～85°斜面。

(5)施工开梯要尽量保存表土，回沟植茶。

开垦前必须做好地形观察，测量坡度后进行规划。规划时尽量使梯面整齐一致，但在不同坡度的坡地开等宽梯面时，各梯级所需的斜距是不同的。如要开出1.67米宽的梯面，在30°坡地，斜距为3.41米；20°坡地的斜距为2.65米；若以20°山坡的适宜坡距定30°山坡的坡距，开出的梯地的梯面宽仅有1.52米，不合规格，造成返工及劳力浪费。

(二)水平梯级茶园的施工步骤

(1)测量定线。在修筑梯台的山坡范围内，应测出不同地段的坡度，定好基线和梯级等高线。根据实践经验，不同坡度开梯所需坡距(斜线)见表3-1。土地利用率愈低，故一般开梯建园宜选择30°以下坡地。

表 3-1　不同坡度山地开梯所需坡距及土地利用率

坡度/(°)	梯面宽 1.67 米，实际需要坡长/m	土地利用率(%)
16	2.33	71.67
17	2.37	70.46
18	2.42	69.00
19	2.47	67.61
20	2.52	66.27
21	2.57	64.98
22	2.63	63.50
23	2.69	62.08
24	2.76	60.50
25	2.82	59.22
26	2.90	57.59
27	2.97	56.23
28	3.06	54.58
29	3.14	53.18
30	3.24	51.54

用自制的简易测坡器测出坡度，测量时先将标杆上的浮标调整到与简易测坡器等高的位置，一人持标杆在上坡，一人持测坡器向上瞄视，慢慢转动测坡板，当照准丝与标杆标记点重合时，重锤线所指的读数即为所侧坡度的度数(见图 3-1)。

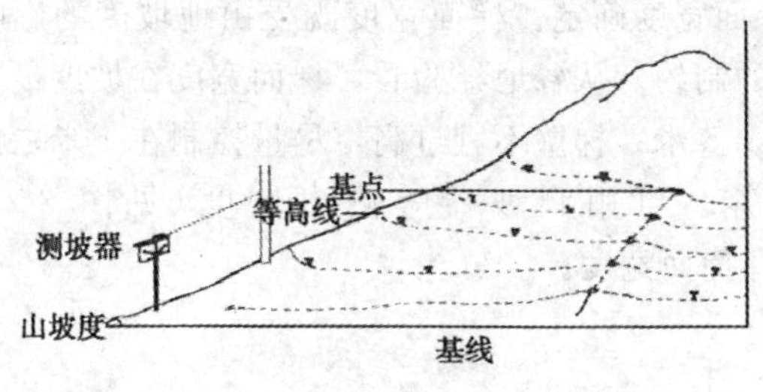

图 3-1　测量坡度

一座山在不同方位若坡度变化较大，则应通过茶园道路(上山路)的开设，把坡地分成若干地段，从山坡上向下拉一直线。这一直线在坡面上与水平方向相垂直，即为基线。定基线时，可在坡面上选择一个有代表性的地段定基线。对于均匀一致的坡面，基线可放在中部；坡度变化多的，基线可放在较陡的地方。定基线要根据坡度的大小，在表 3-1 中查出所需的坡面斜距，在基线上打桩定点。也可以根据经验，10°以内缓坡按行距 1.5 米定基线点；10°～13°山坡的基线点距离增加 2～4 厘米；14°～15°山坡增加 4～5 厘米，以保证茶行近似 1.5 米的水平距离。

(2)测量等高线。可用装满水的较细塑料管作为测量仪器。塑料管长 10～15 米，一端做好标记，注意管内不能有气泡，否则会影响测量结果。测量时两人操作，以基线上定的各点为起点，一人拿塑料管一端立于起点，另一人持另一端横向前进 5～10 米，看塑料管内的水位是否一致，如有偏差，则上下移动无标记的一端位置。当水位与标记点重合时，两端等高，打桩定点。用该法逐个测出桩定点，连接各点即成等高线。为使茶行布置得较为整齐，连接等高线时看山势，大弯随势，小弯取直，对个别标桩位置应加以调整。

对于坡度变化不大的地段，也可以目测，或在水平方向较长的距离(10 米以上)定两个等高点，再目测拉绳连接。

(3)梯面宽度确定。梯面宽度既受山地坡度的影响，还受梯壁高度的制约。从各地经验看，梯面宽度在坡度最陡的地段不得小于 1.5 米；梯壁不宜过高，尽量控制在 1 米之内，不要超过 1.5 米。可用测坡器等测出坡度(见图 3-2)，根据表 3-2 选择梯面宽度。

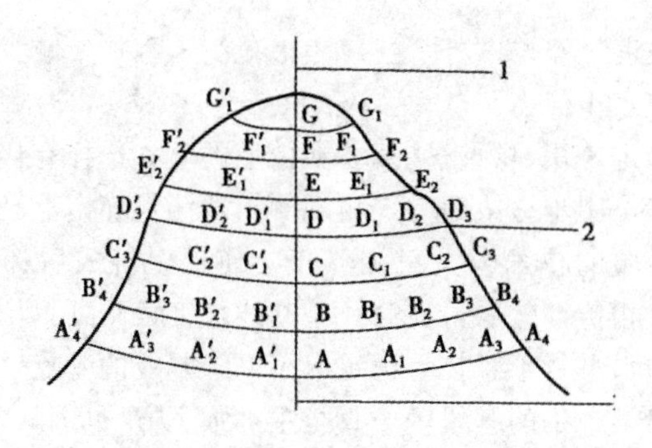

图 3-2　坡度测量点示意图

1-坡面线；2-梯基线；3-基点

表 3-2　不同坡度山地的梯面参考宽度

地面坡度/(°)	种植行数/行	梯面宽度/m
10～15	3～4	5～7
15～20	2～3	3～5
20～25	1～2	2～3

若测得坡地面积，要换算成水平面积，则按照表 3-3 所列数值折算，表中所列数字都可看成是坡地面积的百分值。例如斜面平均坡度为 21°的水平值是 93.36%，测定坡地面积是2 公顷，则水平面积为 2×93.36%＝1.87 公顷。其余依此类推。

表 3-3　坡度与水平面积换算表

地面坡度/(°)	水平面积/%	地面坡度/(°)	水平面积/%	地面坡度/(°)	水平面积/%
10	98.48	15	96.59	16	96.13
17	95.63	18	95.11	19	94.55
20	93.97	21	93.36	22	92.72
23	92.05	24	91.35	25	90.63

(4)梯级茶园的修筑。梯级茶园建设过程中除了对梯级的

宽窄、坡度等有要求外，还应考虑减少工程量，减少表土的损失，重视水土保持。

①测定筑坎(梯壁)基线。在山坡的上方选择有代表性地方作为基点，用步弓或简易三角规测定器测量确定等高基线，然后请有经验的技术人员目测修正，使梯壁筑成后梯面基本等高，宽窄相仿。然后，在第一条基线坡度最陡处，用与设计梯面等宽的水平竹竿悬挂重锤定出第二条基线的基点，再按前述方法测出第二条的基线……直至主坡最下方(见图 3-3)。

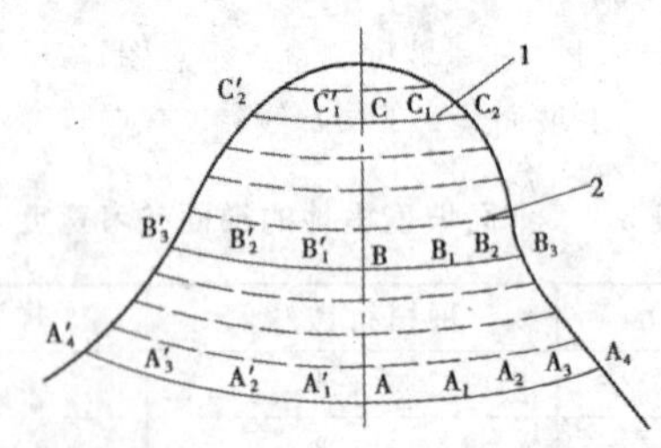

图 3-3　划分梯层次示意图

1-仪器测定的等高线；2-用推移法放出的等高线

②修筑梯田。修筑的梯田包括修筑梯坎和整理梯面。修筑梯坎的次序应该由下向上逐层施工，这样便于达到“心土筑埂，表土回沟”的目的，且施工时容易掌握梯面宽度，但较费工。由上向下修筑，则为“表土混合法”，会使梯田肥力降低，不利于今后茶树生长。同时，也常因操作人员经验不足或在测量不够准确的情况下，常使梯面宽度达不到标准，但这种方法比较省工，底土翻在表层，又容易风化。两种方法比较，仍以“由下向上逐层施工”为好(见图 3-4)。

修筑梯坎材料有石头、泥土、草砖等。应该采用哪种材料，应该因地制宜，就地取材。修筑方法基本相同，首先以梯壁基线为中心，清除表土，挖至新土，挖成宽 50 厘米左右的斜坡坎基。如用泥土筑梯，先从基脚旁挖坑取土，至梯壁筑到一定高度后，再从本梯内侧取土，直至筑成，边筑边踩边夯。

筑成后，要在泥土湿润适度时及时夯实梯壁。

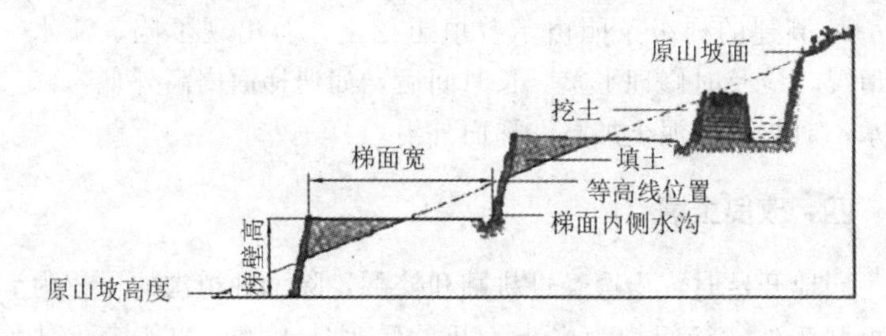

图 3-4　梯级茶园的横断面

如果用筑草砖构筑梯壁，可在本梯内挖取草砖。草砖规格为长 40 厘米，宽 26～33 厘米，厚 6～10 厘米。修筑时，将草砖分层顺次倒置于坎基上，上层砖应紧压在下层砖接头上，接头扣紧，如有缺角裂缝，必须填土打紧，做到边砌砖、边修整、边挖土、边填土，依次逐层叠成梯壁。

梯壁修好后要进行梯面平整，先找到开挖点，即不挖不填的地点，以此为依据，取高填低，填土的部分应略高于取土部分。其中，特别要注意挖松靠近内侧的底土，挖深 60 厘米以上，施入有机肥，以利于靠近基脚部分的茶树生长。

在坡度较小的坡面，按照测定的梯层线用拖拉机顺向翻耕或挖掘机挖掘，土块一律向外坎翻耕，再以人工略加整理，就形成梯级茶园，可节省大量的修梯劳动力。种植茶树时，仍按通用方法挖种植沟。

③梯壁养护。梯壁容易受到水蚀等自然因子的影响，故梯级茶园的养护是一件经常性的工作。梯园养护要做到以下几点：

a. 雨季要经常注意检修水利系统，防止冲刷，每年要有季节性的维护。

b. 种植护梯植物，如在梯壁上种植紫穗槐、黄花菜、多年生牧草、爬地兰等固土植物。保护梯壁上生长的野生植物，如遇到生长过于繁茂而影响茶树生长或妨碍茶园管理时，一年可割除1～2次，切忌连泥铲削。

c. 新建的梯级茶园由于曾填土挖土，若出现下陷、渍水等情况，应及时修理平整。长时间后，如遇梯面内高外低，修理水沟时将向内泥土加高，梯面外沿。

四、改良土壤

园地开垦时，土壤经过耕翻和挖翻，除了种植沟的土较为疏松肥沃外，行间均为心土。开垦后改良土壤，加速表土熟化，显得十分重要。头年冬季或当年春季开垦的茶地，移栽前可在春季播种一季短期作物，以豆科作物(如花生、黄豆、饭豆等)为好，或种植夏季绿肥(如大叶猪屎青、太阳麻、巴西苜蓿等)。间作作物以穴播为宜，位置距茶行种植沟20厘米，梯级茶园离梯面外缘20厘米种植，间作作物必须另行施肥。种植沟的肥土不能翻挖，更不必全园深耕，以免种植沟肥土流失。在茶苗定植后，结合间作作物的种植和管理逐步浅耕。

五、开垦时间

茶地开垦的适宜时间是10月至次年2月。此时雨季已结束，土壤含水量适度，可塑性强，挖种植沟特别是筑梯时梯壁易筑紧，开垦工效较高。而3～5月因气温高又干旱，蒸发量大，土壤因含水量低而板结，耕性较差，开垦较费工，梯壁不易筑紧；6～8月雨水多、冲刷大，表层肥土易流失，梯壁也难以筑紧。因此，开垦的适宜时间是10月至次年2月。

第三节　茶树种植

一、种植规格

茶园群体与个体的关系主要受茶树种植密度的影响，应根

据气候、品种、土壤和管理水平来确定种植密度。对于年平均气温较低和海拔较高的山区，为了提高茶树群体对不良环境的抗性，可适当增加种植密度和培养较低的采摘面，以减少低温和严寒对茶树的不利影响。对于分枝习性不同的茶树也应采取不同的种植密度。例如，对于乔木型的大叶茶，密度可适当放宽；灌木型的中、小叶种则相对要密一些。不同地势、土壤和管理水平的茶园，种植密度也有所不同。坡度较大、土层浅薄、土壤质地较差的茶园，行、丛距可酌情缩小。根据各地的研究结果和生产经验，合理密植是茶园种植方式的指导原则。种植密度包括两个方面的含义：一是行距、株距，二是每丛的株数。当前比较普遍采用的有以下种植方式：以大叶种为主的地区，如华南茶区，种植行距一般为 1.5～1.8 米，株距为 33～35厘米，每亩种植 1500～2000 株左右；以中、小叶种为主的地区，如江南茶区、江北茶区和西南茶区，种植方式主要有单条栽和双条栽两种。

(1)单条栽。一般的种植行距为 1.3～1.5 米，丛距为 25～33厘米，每丛种植 2～3 株，每亩种植 2500～4000 株。在气温较低或海拔较高的茶区，行距可缩小到 1.2～1.3 米，丛距缩小到 20 厘米左右。

(2)双条栽。双条栽是在单条栽的基础上发展起来的种植方式，即每 2 条以 30 厘米的小行距相邻种植，大行距为 1.5 米，丛距 25～33 厘米，每丛种植 2～3 株，每亩种植 4000～6000株。与单条栽相比，双条栽成园早、投产快，同时保持了日后生产管理的便利性，目前已逐渐成为中、小叶种地区主要的种植方式。

除了上述种植方式外，20 世纪 70 年代以来，全国不少地区开展了多条(3～6 条)栽的种植方式，其最大优点在于成园早，可提前投产和收益。但它的局限性也非常突出：一是在种植之前要求土壤必须深耕，底肥要充足；二是管理不便，由于多条茶树栽在一起，使施肥、采茶、除草、治虫等工作难以有效进行；三是多条栽茶园个体之间竞争非常激烈，一旦管理措施如施肥水平达不到要求，茶园容易出现早衰。因此，目前我国发展新茶园，已较少采用多条栽的种植方式。

二、种子直播茶园

若茶籽数量充足、较新鲜、质量较好，灌溉条件良好或阴坡潮湿的地方，新建茶园也可采取直播。

(一)播种时期

从茶籽成熟采收后到翌年3月上旬这段时间都可以按种植规格直接播种。通常，秋播在10月下旬至11月底进行；春播则于2月下旬至3月上旬进行。秋播只需经过筛选(去除过小的茶籽)和水选(去除不饱满、未成熟的茶籽等)；而春播需选种、浸种和催芽等处理，以促进茶籽萌发。播种覆土厚3～5厘米，随即盖铺一层松毛、糠壳、银木屑、蕨类等物，以保持播种行土壤的湿度和疏松，利于出苗。一般在4月下旬至5月上旬出苗，6月上旬茶苗出齐。

(二)种子选择

应选择成熟而饱满的茶籽。优质茶籽呈黑褐色，油润而有光泽，弹跳性强；未成熟茶籽种壳呈黄褐色，无光泽，弹跳性差。

(三)播种方法

直播的土肥准备：

(1)基肥。按计划用量将基肥全部施于播种沟中，拌匀整平。

(2)播种沟整理。播种沟的土壤保水性要好，空气充足，以减少茶籽霉变，提高出苗率。为使出苗后的小苗不被灌溉的泥水浸泡，播种沟土面应高于行间土面3～4厘米。

在已准备好的种植沟内，按规划的小行距与株距用小锄挖平底穴5厘米深，每穴播种3～5粒，茶籽间距离5～10厘米，播后盖土，厚度为5～6厘米。然后在上面盖3～5厘米厚的草或松毛，保持土壤水分和防止表土板结。

（四）播种后的管理

(1)有灌溉条件的茶园，1周灌水1次，以喷灌较好。沟灌要注意流速，不可放大水冲。

(2)到春季茶苗出土后，便可逐步揭去盖草，插上遮阴枝，保护茶苗。

(3)专人管理，幼小的杂苗也需人工及时拔除。

(4)雨季到来时，边间苗边补缺，每穴间出弱苗，留壮苗2～3株，对缺苗穴进行补种或就地移小苗补缺。

三、扦插茶苗移栽

（一）移栽时期

对于田间圃地育成的茶苗，要选择空气湿度大、土壤水分含量高且茶苗地上部处于休眠的时期移栽，以有利于茶苗成活。同时，还应根据当地的气候条件，避免在干旱和严寒时期移栽。

（二）茶苗出圃移栽标准

引进苗木、种子应严格按《茶树种苗》GB 11767－2003中规定的1～2级标准检疫。无性系大叶品种一足龄苗木质量指标：株高25厘米以上，茎粗大于2.5厘米，着叶数5～8片，有1～2个分枝和2～3条侧根，侧根长度大于10厘米、无病虫害的健壮苗木。

（三）移栽方法

(1)定植前准备。定植前应继续清理茶地行间或梯面的树根、树桩、杂草。施入基肥，挖翻种植沟，使肥料与土壤充分混合，再回土到满沟，然后拉绳索于植茶沟中定茶行位置，绳子两端用木桩固定。缓坡等高种植或梯地茶园，因地形种植沟有的呈弧形弯曲，茶行弯度应与沟的弯度一致，按计划定植的株距在沟中插上竹桩或细木桩确定栽苗位置，使定植时排列整齐。

(2)起苗。要严格按照栽植技术，一边起苗，一边移栽。

起苗时要尽量少伤根系，多带土；若不能带土，应将根系沾湿红黄泥浆，以促成活。如茶苗过高，可先把苗木离地15～20厘米处剪去上部枝叶，以减少水分蒸发，并便于起苗移栽。

(3)茶苗运输与保存。若是异地移栽，当茶苗运回后应放在阴凉处喷水保湿，要防止茶苗风吹日晒、紧压堆闷，同时要及时种植，保证茶苗鲜活，否则茶苗会因失水导致生命力下降，影响成活率。如因特殊情况，不能在当天定植完的茶苗应进行假植，应把茶苗暂时集中在无风、无积水的小面积土地上，把茶树根系埋在土壤中，并浇足水。

(4)茶苗定植方法。茶苗种植深度要适当，一般以保持茶苗原来位置为原则，要使茶根系能充分自由伸展。移栽时，茶苗栽入穴中，左手扶正苗身，使茶苗垂直于沟中，随即右手逐步覆土入穴，埋到根的一小半时，左手稍将茶苗向上提动一下，使根系舒展，并以右手按压四周土壤，使下部根土密接，然后再继续将穴沿边的土填入，直至原来苗期根系的土壤位置(根颈)，再适当压实茶树周围的土壤。

(5)茶苗定植后管理。移栽后立即浇一次定根水，水要浇到根部土壤完全湿润。因为新茶树的根系与土壤间有很多空气，没有完全接触，根系吸取不了土壤中的水分，所以不管晴天或阴雨天，移栽后一定要浇定根水。最好在茶苗旁铺草，既防止水土流失，又可减少杂草的滋生，并且进行简单遮阴，以防止阳光灼伤，减少蒸腾，利于茶苗早日成活。

细致管理是移栽后提高茶苗成活率的重要措施。由于移栽的茶苗幼小娇嫩，抗逆性差，易受逆境胁迫影响，故要依据具体情况做好各项管理工作。采用浅耕培土、根际铺草、适时遮阴以及人工灌溉等措施进行抗旱、抗寒保苗；通过及时除草、适时追肥、防治病虫等措施促进壮苗；及时进行补苗、间苗等以达到全苗。

(四)护苗工作

茶苗经移栽后一般长势弱，根系浅，抗旱力差，要做好护

苗工作。

(1)抗旱保苗。一般可采用铺草或浅耕来提高抗旱能力，以铺草效果较好。铺草防旱比未铺草覆盖的茶园，茶苗成活率可提高20%以上。茶园铺草要掌握在旱季来临之前，以早为宜。铺草范围可达茶株两旁各30厘米左右，厚度10厘米左右，上压碎土。浅耕培土应在旱季来临前进行，如表土层干旱形成板结时则不宜浅耕松土，以免茶苗连土块一起被拖拽，但可在茶苗周围30厘米左右培上一层细土，以减少水分的蒸发。除采用上述措施外，在干旱严重时还应浇水，也可改用稀薄农家肥兑水(10倍)。另外，还应适当增施钾肥，因为钾肥能增加茶树的抗旱能力。

(2)防止冻害。高山地区特别是北坡茶园，在低温条件下茶苗易遭受冻害，应采取防冻措施。培土、铺草覆盖、茶园灌水等措施，对预防冻害均有很好的效果。

(3)防治病虫害。幼龄茶园由于苗木移栽前后生态环境的改变，加上初期苗木长势较弱，对病虫害的抵抗力不强，因此，应加强病虫害防治。在熟地建园或老茶园换种改植时，要特别注意对白绢病和炭疽病的防治。防治白绢病，除尽量选择生荒地建园外，可在发病初期将茶苗连同周围的土壤一并挖走，换填无病菌新土，成片防治用五氯硝基苯1～2.5千克拌细土均匀撒于土表，并浅耕使药粉混入土中，隔10～15天再施一次。防治炭疽病可增施有机肥与磷、钾肥以提高茶苗抗病力，在秋茶后喷施波尔多液，发病初期喷洒70%甲基托布津可湿性粉剂1000～1500倍液，均有较好的防治效果。另外，对小绿叶蝉等叶部害虫的防治，可在夏、秋季及时除草以减少虫源，并根据虫情适时喷施40%乐果乳油或80%敌敌畏乳油2000倍液防治。

第四节　茶园的生态建设

根据茶树系统发育对生态条件的要求和生产实践经验，茶树长势的好坏、茶叶产量的多少，自然品质的高低，都与茶树所处的生态环境密切相关。研究与实践表明，优质绿茶品质的形成，对生态环境的主要要求是：茶树周边植被丰富，有防护林，植被覆盖率在80%以上；年均空气相对湿度在80%以上；漫射光多；气温与土温变化缓和，土壤深厚肥沃，pH在5左右，耕层有机质含量在2%以上。改善茶园生态环境的基本措施主要有以下几方面。

一、植树造林，改善茶园小气候

丘陵山区发展种植新茶园和改造低产茶园时，应有计划、有目的地保留部分林木植被和种植防护林。在主要道路、沟渠边、茶园周边等地段均应安排种植适合的树木(或灌木、草类)，改善茶树生长环境，能更多更好地利用光、热、水、气、肥等自然资源，既美化了茶场(厂)的环境，又可获得较高的生物效益。

二、适度种植遮阴树

茶树遮阴的直接效应是降低茶树光照度和调节茶园温、湿度。因此，在低纬度的南方丘陵绿茶区，如安徽、江西、浙江等老茶区有种植遮阴树的习惯，即在每亩茶园中种植10株左右的树木，如槐树、合欢、梨、乌柏等，使遮光度控制在30%～40%，促进了茶树新梢生育，使茶树氮代谢增强，提高茶叶中氨基酸和叶绿素的含量，有利于绿茶品质的形成。

三、采用农业技术和工程措施，改善茶树生长环境

在丘陵山地水土流失严重的茶园应推广地表覆盖，利用生

草、残茬或种植绿肥等覆盖作物，减弱地面土壤风蚀，增加水分渗透，减少径流与蒸发；同时，修筑缓坡梯田，实行等高条植和合理密植，改变现有茶园耕作制度，试行少耕或免耕等，可有效地防止和减少土壤侵蚀，改善茶树生态环境。

第五节　茶树设施栽培

茶树设施栽培作为露地栽培的特殊形式，主要是利用塑料大棚、温室或其他的设施，在局部范围改造或创造茶树生长的环境条件(包括光照、温度、湿度、二氧化碳、氧气和土壤等)，进行茶叶生产目标的人工调节。本节主要介绍塑料大棚栽培和日光温室栽培。

一、茶园主要设施栽培形式和效应

茶树设施栽培主要有两种形式，即塑料大棚栽培和日光温室栽培。两者都是利用塑料薄膜的温室效应，提高气温与土温，增加有效积温，提早茶叶开采期，以获得更好的经济效益。据测定，塑料大棚茶园较露地茶园旬日平均气温提高 2～5℃，最高气温提高 7～12 ℃，最低气温提高 2～4℃，增加活动积温(从 1 月 1 日到茶芽萌动)200 ℃，有效积温增加 30 ℃，空气相对湿度提高 8%～12%，茶叶开采期提早 10～15 天，提高高档名优茶产量 16%～35%，提高产值 1.0～1.6 倍。塑料大棚和温室还能减轻冬季霜冻和春季“倒春寒”的危害。由于采茶期提早，茶叶价格高，其经济效益显著。

塑料大棚栽培茶树在我国南北各产茶省普遍应用，而日光温室主要分布在我国北方茶区，特别是山东省，当地农民习惯将日光温室称为冬暖大棚。日光温室与塑料大棚的主要区别在于：前者有保温效果显著的后墙(北面)，而后者则没有。因此，日光温室冬季保温性能显著优于普通塑料大棚，特别适于冬季寒冷的北方茶区。近年来，日光温室茶园不断扩大，取得了很好的经济效益和社会效益，能够使新茶在元旦前上市，满足了人们尝新的需求，每公顷茶园收入达到15万元以上，高的可达30余万元。

二、塑料大棚茶园生产技术

茶园中搭建塑料大棚主要为了增温、保温、控温，取得早生产、高效益的效果。塑料大棚搭建后，茶园的环境发生了变化。因此，对塑料大棚的园地选择、环境调控、大棚管理措施等都应有充分的了解，相应的生产措施也必须有所改变。

（一）塑料大棚茶园的选择

大棚覆盖茶园的种植品种及其所处的土壤、地形、地势均直接影响建棚后茶树的生长发育状况。因此，要达到大棚茶叶优质、高产、高效益，在茶树品种和园地选择时应尽量具备下列条件：

（1）选择发芽早、发芽密度高、品质好、适合制作名茶的良种茶树，如龙井43、平阳特早、乌牛早等。

（2）茶园树冠覆盖度在90%左右，生长健壮、长势旺盛的青壮年茶树。

（3）选择阳光充足、土壤肥沃的平地或缓坡茶园，避开风口、风道，特别是河谷、山洞等易受风害的茶园。若在这些地方搭建大棚，不仅容易造成塑料薄膜破损，而且散热量大，棚内温度难以维持。最好的地形是北部有山作为天然的防风屏障，东西开阔，南部距大棚一定距离（不遮阴）也有自然屏障的茶园。

（4）选择使用水电方便的茶园，以利于灌溉和人工补光。

（二）塑料大棚茶园的建造

塑料大棚的棚膜要求透光性好，不易老化，以最大限度地利用冬季阳光。目前，北方大棚茶园大多用厚度为0.05～0.1毫米无滴PVC塑料薄膜做覆盖材料；棚内地面用厚度为0.004毫米地膜覆盖，夜间保温材料用草苫。茶园塑料大棚的

支架主要由立柱和拱架两部分组成，立柱用木桩或水泥柱，拱架用竹竿、木条和铁丝等。

北方茶区一般在10月下旬建造大棚；浙江杭州地区一般于12月底至1月上旬搭棚盖膜。搭棚的时间须综合考虑，以既能提早茶叶开采又不影响茶叶产量和品质为原则。

比较实用的塑料大棚类型有简易竹木结构和钢架结构两种。竹木结构大棚以毛竹为主要材料，跨度为10～12米，长度为30～60米，脊高2.0～2.2米，两侧肩高1.5～1.7米，有4～5排立柱，柱间距2～3米，两边立柱向外倾斜60°～70°。立柱顶部用竹竿连成拱形，拱架间距1.0～1.2米，上覆塑料薄膜。竹木结构大棚的缺点是立柱多，遮光严重，柱脚易腐烂，抗风雪能力差，使用寿命一般为3年，但竹木结构大棚取材方便，造价低，是目前塑料大棚的主要形式。

钢架结构大棚一般跨度为8～12米，高度为2.6～3.0米。拱架用钢筋、钢管或两者结合焊接而成的平面桁架，上弦用ϕ16圆钢或6分管，下弦用ϕ12圆钢，腹杆（拉花）用ϕ9～ϕ12圆钢。在上弦上覆盖塑料薄膜，拉紧后用8号铁丝压膜，并穿过薄膜固定在纵向的拉梁上。这种大棚无立柱，透光好，作业方便，使用寿命长，一般可用10年左右，但钢架结构大棚成本较高。

塑料大棚的方向以坐北朝南或朝南偏东5°为好，可充分利用冬季阳光。长度以30～50米为宜，短于20米则保温效果差，而太长又使温度不易控制；宽度以8～15米为宜，太宽则通风透气性不良，建造难度大。大棚高度以2.2～2.8米为宜，最高不应超过3米，棚越高承受风的荷载越大，越易损坏。棚与棚之间要保持适当的距离。

（三）塑料大棚茶园的环境条件调控

茶树生长最适宜温度为17～25℃。大棚内温度应控制在15～25℃为宜，最高不要超过30℃，最低不低于8℃。晴天中午前后棚内的温度超过30℃时，需通风降温。当温度降到

20 ℃时及时关闭通风口。夜间温度迅速下降时要注意保温，尤其是在寒冷的阴雨天或大风天气要注意温度的变化。江北茶区夜间要加盖草苫保温，必要时要进行人工加温，保证夜间最低温度不低于 8 ℃。

土壤相对含水量在 70%～80%时最有利于茶树的生长。当土壤相对含水量达到 90%以上时，土壤透气性差，不利于茶树的生长。大棚内的茶树要求棚内的空气相对湿度白天为 65%～75%，夜间为 80%左右。生产上要求通过地面覆盖、通风排湿、温度调控等措施，将空气湿度调控在最佳范围内，如发现湿度不够，要及时喷水增湿。保温与通风散热是冬季大棚茶园管理的主要环节。塑料大棚要牢固、密封，以防冷空气侵入。棚顶有积水和积雪时应及时清除，破损棚膜及时用条黏胶带修补。要及时做好通风散热工作，晴天可在 10∶00 时前后开门通风，15∶00 时左右关闭。

大棚内的茶树很容易受光照强度不足的影响，特别是简易竹木结构大棚内由于立柱和拱架的遮挡，以及塑料薄膜的反射、吸收和折射等作用，棚内光强仅为棚外自然光强的 50%左右，这会影响茶树叶片的光合效率。因此，提高光照强度是大棚茶叶获得高产优质的重要条件之一。除了选择向阳的茶园和使用透光、耐老化、防污染的透明塑料薄膜外，晚上盖草苫，白天应及时揭开草苫；薄膜要保持清洁，以利透光。棚室后部可安装反光幕，尽量地增加光照强度。人工补光也是改善冬季大棚光照条件最有效的办法，此方法是在晴天早晚或阴雨天用农用高压汞灯照射茶园。

（四）塑料大棚茶园的施肥

大棚茶园的基肥以有机肥为主，如茶树专用生物活性有机肥、厩肥和饼肥等。每公顷施用“百禾福”生物活性有机肥和饼肥各 1500～2500 千克，或厩肥 30 吨以上，结合深翻于 9～10 月开沟施入，沟深 20 厘米左右。化学肥料的施用要严

格按照无公害茶、绿色食品茶和有机茶施肥的规范操作。无公害茶和准绿色食品茶追肥以氮素化肥为主，如尿素、硫酸铵、“中茶1号”茶树专用肥等，速效氮肥和茶树专用肥混合施用效果更好。用量按照公顷产1500千克干茶施纯氮120～150千克计算，分2～3次施入。其中，催芽肥占50%，一般在茶芽萌动前15天左右开沟施入，沟深10厘米左右。

塑料大棚内，由于夜间茶树的呼吸作用、土壤微生物分解有机物释放出二氧化碳(CO_2)，大棚空气中CO^2浓度很高，但日出后，随着茶树光合作用的增强，棚内CO^2浓度显著降低。若晴天不通风，CO^2浓度甚至可降到100 μg/mL以下，影响茶树光合作用的进行。因此，大棚茶园施用CO^2气肥，可促进茶树的光合作用，提高产量和品质。大棚CO^2气肥的施用方法有两种：①将钢瓶中高压液态CO^2通过降压阀灌入0.5立方米的塑料袋中，灌满CO^2后扎紧袋口，于晴天9：00时放在茶行中间，4：00时收回。②用碳酸氢铵和稀硫酸混合产生CO^2，在9：00～11：00时施用。碳酸氢铵用量在3～5克/平方米时，大棚内CO^2可达1000毫克/千克。这两种方法都简便易行，可使大棚茶园内CO^2浓度提高2倍以上，茶叶产量增加20%左右，香气和滋味得到改善。但需要注意，CO^2气肥一般在晴天上午光照充足时施用，阴天或雨雪天最好不要施用，多施有机肥也是提高大棚CO^2浓度的有效途径之一。

(五)塑料大棚茶园铺草与灌溉

大棚茶园在秋茶后结合施基肥进行一次深耕(或中耕)，并在茶行间铺各种杂草和作物秸秆，一般每公顷铺6～9吨干草，厚10～15厘米，草面适当压土，第二年秋季翻埋入土。铺草既能增温保湿，又可改良土壤结构，提高土壤肥力。

塑料大棚是一个近似封闭的小环境，土壤水分主要靠人工灌溉补充。由于土壤蒸发和茶树蒸腾产生的水汽在气温较高时常会在塑料薄膜表面凝结成水珠，返落到茶园内，因此，土表至10厘米深的土层含水量较高且变化稳定，一般相对含水量可达80%以上。但深度为30厘米左右的土层则容易干旱，特别是在气温升高到20℃以上，又常开门通风的情况下，棚内水汽大量散失，若持续几天不灌水，土壤相对含水量可降到70%以下。因此，棚内气温在15 ℃左右时应每隔5～8天灌水20毫米左右，气温在20 ℃以上时应每隔3天灌水15毫米左右。灌溉时间最好选择在阴天过后的晴天上午进行，利用中午的高温使地温迅速上升。灌水后要通风换气，降低室内空气湿度。

灌水方式有沟灌和喷灌等。以低压小喷头喷灌的方式效果较好，即在每个大棚中间设置一条水管，每隔15～20米安装一竖管和低压小喷头，水通过低压小喷头喷洒茶园。这种方式不仅省水、省工、效率高，而且喷水均匀，灌水量容易控制。

我国北方茶区由于冬季气温很低，灌溉后大棚内气温和土温很难回升，因此大棚灌溉的次数尽量减少，最好在建棚前几天对茶园灌一遍透水。大棚建好后，只需灌两次水，第一次在建棚后30天，第二次在第一轮棚茶结束后。采用喷灌或人工喷雾器进行给水，应尽量避免大水漫灌。

(六)塑料大棚茶园的修剪与采摘

为提早春茶开采，塑料大棚茶园宜将常规的春茶前的轻修剪(包括深修剪和重修剪)推迟到春茶结束后进行，每隔2～3年进行一次深修剪，5～8年进行一次重修剪，控制树高在80厘米左右。每年秋茶结束后结合封园进行修剪，整理树冠面，以利通风透光和茶树养分积累，切忌秋冬季进行深修剪。秋冬季深修剪会剪去大量的成熟叶和越冬芽，既降低光合作用而影响有机养分积累，又减少翌年新梢数，从而影响大棚茶叶的产量和品质。

大棚茶叶要早采、嫩采，一般当蓬面上有5%～10%的新梢达到一芽一叶初展时即可开采，可及时、分批多采高档茶。春茶前期留鱼叶采，春茶后期及夏茶留一叶采，秋茶前期适当

留叶采，后期留鱼叶采，并适当提早封园，使茶树叶面积指数保持为3～4，保证冬春季有充足的光合面积，为翌年春茶获得优质高产提供条件。

（七）揭膜

随着气温升高，在没有寒潮和低温危害时可以揭开棚膜。杭州地区一般在4月上旬揭膜，北方地区在4月下旬揭膜。在揭膜前一个星期，每天早晨开启通风口，傍晚时关闭，连续6～7天，使大棚茶树逐渐适应棚外自然环境，最后揭除全部薄膜。另外，塑料大棚茶园由于在冬、春季覆盖塑料薄膜，人为打破了茶树的休眠与生长平衡，不利于茶树本身的养分积累和生长发育。因此，对于连续搭建大棚的茶园，在2～3年后最好停止搭建大棚1年，以利于茶树恢复生机，充分提高大棚的经济效益。

三、日光温室茶园栽培技术

日光温室在山东茶区有较多的应用。山东茶区冬季气温较低，傍晚降温快，降温幅度大，一般的塑料大棚保温效果不足以使茶树能忍受夜间低温的侵袭，而采用日光温室可起到有效的保温作用。

（一）日光温室茶园的选择与建造

日光温室茶园要选择发芽早、产量高、品质优、适制名优绿茶的壮年良种茶园，要求树冠覆盖度在85%以上，茶树生长健壮、长势旺盛。茶园要求是背风向阳、土壤肥沃的缓坡地，水源充足，交通便利。

日光温室棚室长度为30～50米，跨度为8～10米，呈琴弦式结构。东、西、北面建墙，墙体厚度0.6～0.8米，脊高2.8～3.0米，后墙高1.8～2.0米，棚室最南端高0.8～1.0米。为利于冬天阳光直射到后墙和后屋面的里面，后屋面角应不小于45°，厚度在0.4米以上。覆盖物要求选择厚度

0.08 毫米以上的聚氯乙烯长寿无滴膜和厚度为 4.0 厘米以上、宽度为 1.2 米的草苫。

(二)日光温室茶园的水肥管理技术

为保证茶树的正常生长和元旦节前新茶上市，应于“立冬”前后扣棚，“小雪”前后覆盖草苫。每年“白露”前后，对茶园进行一次深耕，以改善土壤通气透水状况，促进根系生长，深耕深度以 20 厘米左右为宜，要求整细整平。生产期间适时进行中耕，以利于减少地面水分蒸发和提高地温，中耕深度为5～7 厘米。

基肥于“白露”前后结合茶园深耕开沟施入。施肥深度约为 20 厘米，一般每公顷施饼肥 2250～4500 千克，三元复合肥 450～600 千克，或农家肥 45～75 吨，三元复合肥 450～600 千克，有机茶园不宜使用化肥。追肥一般施两次，第一次于扣棚后开沟施入，第二次于第一轮大棚茶结束时开沟施入，沟深为 10～15 厘米。无公害茶园和绿色食品茶园每公顷施三元复合肥，第一次为 450～600 千克，第二次为 300～450 千克，施肥后及时盖土。

为满足茶树对水分的需要，扣棚前 5～7 天对茶园灌一遍透水，一般使土壤湿润层深度达 30 厘米左右。扣棚期间要以增温保湿为主，尽量减少浇水次数和浇水量，一般只需浇两次水。第一次在扣棚后 30 天左右进行，第二次在第一轮大棚茶结束时进行。浇水要在晴天 10：00 左右进行，宜采用蓬面喷水方法，禁止大水漫灌茶园。阴天、雪天不宜浇水。

(三)日光温室茶园的环境条件调控

白天室温应保持在 20～28℃晚上不低于 10 ℃。中午室温超过 30 ℃时开始通风，当室温降至 24 ℃时关闭通风口。适宜的空气相对湿度，白天为 65%～75%，夜间为 80%～90%。生产上要通过地面覆盖、通风排湿、温度调控等措施，尽可能把室内的空气湿度控制在最佳指标范围内。采取保持覆盖膜面

清洁、白天揭开草苫、在棚室后部挂反光幕等措施，尽量增加光照强度和时间。温室宜增施CO^2气肥，以促进光合作用，提高茶叶产量和品质。

晴天阳光照到棚面时应及时揭开草苫。上午揭草苫的适宜时间以揭开草苫后温室内气温无明显下降为准，下午当室温降至20 ℃左右时盖苫。一般雨天应揭开草苫。雪天揭苫室温会明显下降，只能在中午短时揭开。连续阴天时，可在中午前揭苫，午后盖上。棚面有积雪时应及时清除。

（四）日光温室茶园的病虫害防治与修剪

夏、秋茶期间，应及时防治茶树叶部病害和螨类、蚧类、黑刺粉虱、小绿叶蝉等害虫。扣棚前5～7天，分别按照无公害茶、绿色食品茶和有机茶农药使用规程要求对茶园治虫一次，以防治小绿叶蝉和黑刺粉虱危害。扣棚期间一般不再用药，如病虫害严重，必须用有针对性的高效、低毒、低残留的农药，并严格控制施药量与安全间隔期。秋茶结束后至扣棚前，禁止使用石硫合剂。

扣棚前对茶树进行一次轻修剪，修剪深度以35厘米为宜。对覆盖度大的茶园，应进行边缘修剪，保持茶行间有15～20厘米的间隙，以利田间作业和通风透光。

（五）采收与揭膜

日光温室茶园以生产名优绿茶为主，因此应根据加工原料的要求，按照标准及时、分批采摘。人工采茶要求提手采，保持茶叶完整、新鲜、匀净。采用清洁、通风性良好的竹编茶篮盛装鲜叶，采下的鲜叶要及时出售和运抵茶厂加工，防止鲜叶受冻和变质。

4月中下旬揭膜。揭膜前的7～10天中，每天早晨将通风口开启、傍晚关闭，使茶树逐渐适应自然环境，再转入露天管理和生产。

模块四　茶园管理

第一节　茶园耕作与除草

一、茶园耕作

茶园耕作能疏松土壤，提高通透性，有利于好气性微生物的生长繁衍，加速物质分解转化，以提高土壤肥力。

(一)茶园耕作类型

根据茶园耕作的时间、目的、要求不同，可把它分为生产季节的耕作和非生产季节的耕作。

1. 生产季节的耕作——中耕与浅锄

一般来说，生产季节的茶园耕作深度不到 15 厘米的都叫中耕。茶园行间中耕，其主要作用是破除土壤板结层，改善土壤通气透水状况，消灭茶园杂草。通常每年都要进行春耕、夏锄、秋锄和冬耕。春耕和冬耕以松土为主，春耕耕作深度为 10 厘米左右，冬耕耕作深度为 10～15 厘米。生产季节的茶园耕作深度为 2～5 厘米的叫浅锄。春锄、夏锄、秋锄以除草为主，锄草次数常因杂草生长不同而有一定差别，锄草深度以 5 厘米左右为宜。新开辟茶园的第一年，为了避免带动茶籽和茶苗，距茶苗 30 厘米以内的杂草宜趁雨后用手连根拔除，30 厘米以外的照常进行浅耕，待茶苗长大后可用手锄除草。

在茶树幼年和青年阶段，茶园行间空隙大，容易生长杂

草。为了减少杂草争夺土壤水分和养分，浅耕常在追肥之前进行一次。夏秋季杂草多，要适当增加浅耕的次数。浅耕作业时，力求把草体完全埋入土中。

壮年茶园如果树冠覆盖度高，其生长好、产量高。由于采摘、施肥、除虫等作业较频繁，茶行间土壤容易板结，浅耕以疏松土壤为主，次数可适当减少1～2次，一般每年进行2～4次，多结合追肥进行。

2. 非生产季节的耕作——深耕

耕作深度超过15厘米即可称为深耕，其改良熟化土壤的作用比浅耕要强，但对根系损伤较多。因此，必须根据不同的茶园类型，灵活掌握深耕。

(1)幼龄茶园。对于种植前深垦过的幼龄茶园，一般要结合施基肥进行深耕。深耕初期在离茶树根部20～30厘米以外开沟30厘米左右深度，茶树长大后开沟的部位逐步向行中间转移。开垦时仅在种植行中深垦的茶园，一般要结合施基肥，在茶行间宽1米左右深耕50厘米。深挖的土壤先放置于道路上，然后施基肥与心土混合，施入沟中，再将第二段表土翻入第一段。这样依次深耕，逐步完成。

(2)成年茶园。对于过去已深垦过的成年茶园，如果土壤疏松可不再深耕。若土壤黏重，在尽量减少伤根的前提下，适当缩小宽度，深耕30厘米左右，以后不再深耕。

(3)衰老茶园。对于衰老茶园的土壤深耕，应结合树冠更新进行。其深耕的深度和宽度都比较大，一般行距1.5米的茶园，以不超过50厘米×50厘米为宜，并要结合施用有机肥料，将肥料与土壤混合，使土肥相融。

总之，深耕一般是在全年茶季基本结束时进行。这个时期深耕、施基肥，有利于断根的再生和恢复。由于各地气候条件不同，茶季结束时期也不尽一致，一般宜早不宜迟。深耕是花费劳力多、需要有机肥多的作业。通常在开垦前进行一次，如果土壤黏重可在开采初期缩小宽度再进行一次。在正常情况下，待20年左右茶园产量大幅度下降时再深耕改土一次，其他时期不再深耕。

（二）茶园耕作的效应

茶园耕作会对茶园土壤肥力、茶树根系生长以及茶叶产量和品质带来较大的影响。

1. 耕作对土壤肥力的影响

茶树是多年生作物，长期的人工作业容易使茶园土壤表层板结，土壤结构被破坏，土壤通透性变差、雨水不易渗漏，茶树根系的生长也受到影响。因此，耕作可疏松土壤，提高土壤通透性，增加土壤孔隙度，加速雨水渗透，提高土壤含水量。

耕作提高了土壤的通透性，也改变了土壤的水热状况，从而促进了土壤微生物的生长和繁殖。因此，茶园土壤深耕后，土壤中微生物总数、纤维素分解强度和呼吸强度明显增强。

由于土壤深耕后，土壤通气条件改善，生物活性增加，从而促进了土壤有机质矿化和矿物质的风化分解，加速了土壤熟化进程，提高土壤有效养分的含量。但在只深耕不施有机肥的条件下，土壤中全氮和有机质含量下降，因此，深耕且施有机肥是保持土壤肥力的重要措施。

土壤耕作对茶园水土流失影响也很大。坡地茶园深耕可促进茶园水土流失的现象发生，这是深耕带来的弊端。但深耕结合茶园铺草，可有效防止茶园的水土流失。

2. 耕作对茶树根系生长的影响

随着茶树的不断生长，茶园行间布满根系并相互交错，无论是深耕或是浅耕都会造成断根现象，给茶树生长带来不利的影响。因此，越是成龄茶树或耕作深度越深，幅度越广，耕作所造成的伤根就越是严重。

由于茶树根系有较强的再生能力，根系因耕作而被切断

时，其伤口能迅速愈合并再发新根。断根的恢复速度与深耕断根的季节有关。研究表明，8 月上旬的伏耕，断根的愈合再生能力最强、最快，到翌年春茶前有较好的恢复；12 月上旬冬耕，断根后再生愈合得最慢，直到翌年夏茶时期，新根数量还很少；3 月中旬春耕，断根的愈合再生较快，但等有较好恢复时，已是当年秋茶的后期了。因此，根系断根再生能力最强是在 8 月的“伏天”，其次是秋季 10 月和春季 3 月，冬季 12 月断根再生能力最差。

3. 耕作对茶叶产量和品质的影响

耕作可有效疏松土壤，提高土壤肥力，同时也造成了茶树断根，以及带来对茶园水土的冲刷，最终表现在对茶树产量和品质的影响上，不同耕作时期、耕作深度、茶树树龄所得结果都是不一样的。

茶树在种植前进行深耕，尤其是深耕配合施肥，有改土的作用且没有伤根的后果。因此，生产实践和试验结果都一致表明，茶树种植前的耕作对茶树生长以及以后的增产提质效果十分明显，而且持续时间长。耕作越深，效果越好，持续时间也越长，尤其是在深耕配合施底肥的条件下，其效果更为明显。

（三）茶园耕作注意事项

茶园耕锄合理与否，与茶树生长、土壤结构、水土保持等都有密切关系。茶园耕锄时间应选择晴天或雨后土壤稍干时进行。如果土壤过湿，耕锄时容易黏结成土块，同时又破坏了土壤结构，不利于茶树生长，过干容易引起死苗。此外，耕锄时应尽量结合施肥进行，这样既有利于扩大土壤吸收范围，有利于茶树吸收，又可消灭杂草，提高肥料的经济效益，而且又可减少根系损伤的次数。耕锄后土壤要整平，防止幼龄茶树根外露，造成死亡。

二、茶园除草

茶园除草是茶园土壤管理中一项经常进行的工作。茶园杂草对于茶树的危害很大，它不仅与茶树争夺土壤养分，在天气干旱时会抢夺土壤水分，而且杂草还会助长病虫害的滋生蔓延，给茶树的产量和品质带来影响。

（一）茶园杂草的主要种类

茶园中杂草种类繁多。适宜在酸性土壤生长的旱地杂草，可通过多种途径传播到茶园中，并在茶园中生长繁衍。我国主要产茶省份均对茶园杂草进行过调查，由于各地生态环境不一致，茶园杂草种类变化较大。

茶园杂草中有一二年生的，也有多年生的；有以种子繁殖的，也有以根、茎繁殖的，甚至有种子、根、茎都能繁殖的；有在春季生长旺盛的，有在夏季或秋季生长旺盛的，因而一年四季中杂草种类不尽相同。茶园中发生数量最多、危害最严重的杂草种类，有马唐、狗尾草、蟋蟀草、狗牙根、辣寥等。了解这几种主要杂草的生物学特性，掌握其生育规律，有利于对杂草发生采取有效的控制措施。

(1)马唐。禾本科，一年生草本植物，茎匍匐于地面，每节都能生根，分生能力强；6～7月抽穗开花，8～10月结实，以种子和茎繁殖。

(2)狗尾草。禾本科，一年生草本植物，茎扁圆直立，茎部多分枝，7～9月开花结实；穗呈圆筒状，像狗尾巴，结籽数量多，繁殖量大，在环境条件较差时也能生长。

(3)蟋蟀草。禾本科，一年生草本植物，茎直立；6～10开花，有2～6个穗状枝，集于秆顶，以种子、地下茎繁殖。

(4)狗牙根。禾本科，多年生草本植物，茎平铺在地表或埋入地下，分枝向四方蔓延，每节下面生根，以根茎繁殖，两

侧生芽，3 月发新叶，叶片形状像犬齿。

(5)辣蓼。蓼科，一年生草本植物，茎直立多分枝，茎通常呈紫红色，节部膨大，以种子繁殖。

(6)香附子。又名回头青，莎草。莎草科，多年生草本植物，地下有匍匐茎，蔓延繁殖，叶丛生，细长质硬；3～4 月间块茎发芽，5～6 月抽茎开花，以种子和地下茎繁殖。

(7)菟丝子。旋花科，一年生寄生蔓草，全株平滑无毛，茎细如丝，无叶片，缠绕寄生，用茎上吸盘吸收寄主养分，夏天开花，以种子繁殖。

上述茶园杂草对周围环境条件都有很强的适应性，尤其一些严重危害茶园的恶性杂草，繁殖力强，传播蔓延广，在短期内就能发生一大片。但是各种杂草在其个体发育阶段中也有共同的薄弱环节。因此，生产上要尽量利用杂草生育过程中的薄弱环节，采取相应措施就能达到理想的除草效果。一般地，草种子都较细小，顶土能性不强，只要将杂草种子深翻入土，许多种子就会无力萌发而死亡；杂草在其出土不久的幼苗阶段，株小根弱，抗逆力不强，抓住这一时机除草，效果较好；极大部分茶园杂草都是喜光而不耐阴，只要适当增加种植密度或茶树行间铺草，就会使多种杂草难以滋生。

(二)茶园除草技术

(1)人工除草。人工除草目前是我国茶区主要的除草方式，人工除草可采用拔草、浅锄或浅耕等方法。对于生长在茶苗、幼年茶树及攀缠在成年茶树上的杂草可采用人工拔草，并将杂草深埋于土中，以免复活再生。使用阔口锄、刮锄等工具进行浅锄除草，能立即杀伤杂草的地上部分，起到短期内抑制杂草生长的作用。用板锄、齿耙进行浅耕松土，同时兼除杂草，能把杂草翻压入土，除草效果比浅锄削草好。

(2)化学除草。茶园化学除草具有使用方便、杀草效果好、节省人工、经济效益明显等优点。化学除草剂可分为触杀型和内吸传导型。触杀型除草剂只能对接触到的植株部位起杀伤作用，在杂草体内不会传导移动，应用这类除草剂只作为茎叶处理剂使用。内吸传导型除草剂可被杂草茎叶或根系吸收而进入体内，向下或向上传导至全株各个部位，首先使最为敏感的部位受毒害，继而整株被杀死。这类除草剂既可作为茎叶处理剂，也可作为土壤处理剂使用。

除草剂的种类有很多，在茶园中使用的除草剂必须具有除草效果好、对人畜和茶树比较安全、对茶叶品质无不良影响、对周围环境很少污染的特点。我国茶园常应用的除草剂有西玛津、茅草枯、百草枯和草甘磷等。

近年来，欧盟等国家对茶园中除草剂的选用有严格的限制，大部分除草剂不得在茶园中使用。因此，使用除草剂时应谨慎。

(3)其他措施。茶园杂草的大量发生必须具备两个基本因素：一是在茶园土壤中存在着杂草的种子或根茎、块茎等营养繁殖器官；二是茶园具备适合杂草生长的空间、光照、养分和水分等。改变或破坏这两个因素，茶园杂草就会难以发生。茶树栽培技术中很多措施都具有减少杂草种子或恶化杂草生长条件的作用，从而防止或减少杂草的发生。

①土壤翻耕。土壤翻耕包括茶树种植前的园地深垦和茶树种植后的行间耕作。它既是茶园土壤管理的内容，也是杂草治理的一项措施。在新茶园开辟或老茶园换种改植时，进行深垦可以大大减少茶园各种杂草的发生，这对于茅草、狗牙草、香附子等顽固性杂草的根除也有很好的效果。浅耕可以及时铲除一年生的杂草，但对宿根型多年生杂草及顽固性的蕨根、菝葜等杂草以深耕效果为好。

②行间铺草。行间铺草的目的是减轻雨水、热量对茶园土壤的直接作用，改善土壤内部的水、肥、气、热状况，同时对茶园杂草也有明显的抑制作用。茶园未封行前在行间铺草，可

以有效地阻挡光照，被覆盖的杂草会因缺乏光照而黄化枯死，从而使茶树行间杂草发生的数量大大减少。茶园覆盖物可以是稻草、山地杂草，也可以是茶树修剪的枝叶。一般来说，茶园铺草越厚，减少杂草发生的作用也就越大。

③间作绿肥。幼龄茶园和重修剪、台刈茶园行间空间较大，可以适当间作绿肥，这样不仅可以增加茶园有机肥来源，而且可使杂草生长的空间大为缩小。绿肥的种类可根据茶园类型、生长季节进行选择。在1～2年生茶园可选用落花生、大绿豆等短生匍匐型或半匍匐型绿肥。3年生茶园或台刈改造茶园可选用乌豇豆、黑毛豆等生长快的绿肥。一般，种植的绿肥应在生长旺盛期刈青后直接埋青或作为茶园覆盖物。

④提高茶园覆盖度。提高茶园覆盖度不仅是增加茶叶产量的要求，也是提高土地利用率的要求，同时对于抑制杂草的生长十分有效。实践表明，凡是覆盖度达到80%或以上的茶园，茶树行间地面的光照明显减弱，杂草发生的数量及其危害程度大为减少；覆盖度达到90%或以上的茶园，茶行互相郁闭，行间光照很弱，各种杂草就更少了。可见，扩大茶园覆盖度，可以在茶树栽培过程中实现，不必另外耗费人力或物资。

第二节　茶园施肥

一、茶树的矿质营养

茶树一方面能够从空气中吸收二氧化碳和水分，在体内通过光合作用合成有机物质；另一方面也能从环境（主要是土壤）中吸取各种无机物，在体内通过同化作用将其变成自身所需要的物质营养。营养是生长发育和其他一切生命活动的物质基础，茶树树势、鲜叶产量、成茶品质等都与营养密切相关。

(一)茶树体内必需的营养元素

茶树干物质中 90%～95%是有机质，5%～10%是无机盐类。这些有机质和无机物都是由碳、氢、氧、氮、磷、钾、钙、镁、铁、硫、硼、钼、猛等元素所组成的。其中除碳、氢、氧 3 种元素是从水和空气中获得的以外，其他的元素都是从土壤中获得的。

在生产中，根据植物生长对养分需求量的多少，将必需营养元素分成大量元素和微量元素。碳、氢、氧、氮、磷、钾、钙、镁、铁等元素在茶树体内含量较高，需求量较大，称为大量元素；硼、铜、锌、钼、锰等元素在茶树体内含量甚微，需求量极少，称为微量元素。茶叶中的矿质元素及含量，见表 4-1，大量元素和微量元素在茶树体内的含量不尽相同。但是，它们在茶树生长过程中都各自发挥着特殊的生理作用，任何元素的亏缺势必影响茶树的正常发育，进而影响茶叶产量和品质。

表 4-1　茶叶中的主要矿质元素及含量

元素名称	含量/(mg·kg^{-1})	元素名称	含量/(mg·kg^{-1})
氮(N)	35000～58000	铁(Fe)	100～2000
磷(P_2O_5)	40000～90000	硫(SO_4)	6000～12000
钾(K_2O)	20000～30000	铝(Al)	1000～2000
钙(CaO)	2000～8000	锌(Zn)	45～65
镁(MgO)	2000～5000	铜(Cu)	15～20
钠(Na)	500～2000	钼(Mo)	0.4～0.7
氯(Cl)	2000～6000	硼(B)	0.8～1.0
锰(MnO)	500～1300		

（二）茶树矿质营养的吸收形态及生理功能

1. 氮

(1)吸收形态：主要以 NO_3^- 、NH_4^+ 形式被吸收。

(2)主要生理功能：

①直接或间接地影响茶树的代谢活动和生长发育；

②构成氨基酸、蛋白质、酶、辅酶、核酸、叶绿素、生物膜、激素等化合物的主要成分；

③促进养分的吸收和同化作用。

2. 磷

(1)吸收形态：主要以 $H_2PO_4^-$ 、HPO_4^{2-} 形式被吸收。

(2)主要生理功能：

①是蛋白质的组成成分；

②在脂肪和碳水化合物代谢、呼吸、光合和许多其他代谢过程中发挥关键作用；

③促进根的发育和养分吸收；

④促进淀粉和叶绿素的合成。

3. 钾

(1)吸收形态：主要以 K^+ 形式被吸收。

(2)主要生理功能：

①在代谢中起调节作用，是合成碳水化合物和含氮化合物所必需的成分；

②促进同化作用；

③促进根的发育，调节蒸腾作用；

④增强茶树对冻害、病虫害的抵抗力。

4. 钙

(1)吸收形态：主要以 Ca^{2+} 形式被吸收。

(2)主要生理功能：

①构成细胞壁的中胶层，维持染色体和生物膜的结构，是茶树根毛和根系发育所必需的元素；

②促进顶端分生组织分化，增强养分的吸收；

③催化酶的活性，促进光合产物转运，防止金属离子的毒害，延迟植株衰老。

5. 镁

(1)吸收形态：主要以 Mg^{2+} 形式被吸收。

(2)主要生理功能：

①是叶绿素生成所必需的成分；

②多种酶的特殊活化剂；

③促进根的发育，调节蒸腾作用；

④参与光合作用、蛋白质和核酸的合成。

6. 铝

(1)吸收形态：主要以 Al^{3+} 形式被吸收。

(2)主要生理功能：

①提高茶树光合作用的效率，促进树体生长；

②能增加酸度，使某些元素由不可利用状态变为可利用状态，促进茶树对磷、锰元素的吸收；

③促进根系生长；

④能激化多酚物质的合成。

7. 铁

(1)吸收形态：主要以 Fe^{2+} 形式被吸收。

(2)主要生理功能：

①参与茶树的光合作用；

②构成细胞色素成分；

③是过氧化氢酶、过氧化物酶及细胞色素氧化酶的辅基成分，还是铁氧化还原蛋白和叶绿素形成中某些酶的辅基或催化剂；

④加速物质的氧化还原过程，促进叶绿素的合成。

8. 锰

(1)吸收形态：主要以 Mn^{2+} 形式被吸收。

(2)主要生理功能：

①具有较强的氧化还原能力；

②能促进茶树根系中硝态氮的还原作用，使吸收的硝态氮迅速地转化成铵态氮，进而合成氨基酸；

③是多种酶的催化剂；

④是叶绿素合成所必需的物质。

9. 锌

(1)吸收形态：主要以 Zn^{2+} 形式被吸收。

(2)主要生理功能：

①具有调节茶树体内糖的转化能力；

②参与核酸合成；

③参与生长素代谢。

10. 硼

(1)吸收形态：主要以 H_3BO_3 形式被吸收。

(2)主要生理功能：

①能促进细胞的分裂；

②促进碳水化合物的运转、储存和酪氨酸的转化，有利于核酸和 ATP 的形成。

11. 铜

(1)吸收形态：主要以 Cu^{2+} 形式被吸收。

(2)主要生理功能：

①是多酚氧化酶、抗坏血酸氧化酶的组成成分；

②促进光反应的进行；

③在茶树脂肪代谢过程中，铜黄蛋白具有催化作用。

12. 钼

(1)吸收形态：主要以 MoO_4^{2+} 形式被吸收。

(2)主要生理功能：

①是硝酸还原酶的辅基成分；

②是酸式磷酸酶的专性抑制剂；

③黄酮物质氧化—还原的催化剂，并参与抗坏血酸的形成；

④提高茶园土壤自生固氮菌的固氮能力。

(三)氮、磷、钾对茶树生长发育的作用

茶树对氮、磷、钾的需求量最大。因此，生产中常常需要氮、磷、钾肥料的补给，故称为肥料三要素。它们对茶叶产量、品质的影响直接而显著。

1. 氮

氮是合成蛋白质和叶绿素的重要组成部分。施用氮肥可以促进茶树根系生长，使枝叶繁茂，同时促进茶树对其他养分的吸收，提高茶树光合效率等。氮素供应充足时，茶树发芽多，新梢生长快，节间长，叶片多，叶面积大，持嫩期长，并能抑制生殖生长，从而提高鲜叶的产量和质量。施氮肥对改善绿茶品质有良好作用。过量施氮肥，对红茶品质则有不利影响，若与磷、钾肥适当配合，无论对绿茶还是红茶都可提高品质。

氮肥不足则树势减弱，叶片发黄，芽叶瘦小，对夹叶比例增大，叶质粗老，成叶寿命缩短，开花结果多，既影响茶叶产量又降低茶叶品质。正常茶树鲜叶含氮量为4%～5%，老叶为3%～4%。若嫩叶含氮量降到4%以下，成熟老叶下降到3%以下，则标志着氮肥严重不足。

2. 磷

磷在茶树体内主要以有机磷形态存在，是核酸、核蛋白、磷脂、植素、高能键磷酸化合物及各种酶等物质的重要成分。

因此，磷对细胞间物质的交流、细胞内物质的积累、能量的储存和传递、芽叶的形成、新梢的生长都有重大影响。磷肥主要能促进茶树根系发育，增强茶树对养分的吸收，促进淀粉合成和提高叶绿素的生理机能，从而提高茶叶中茶多酚、儿茶素、蛋白质和水浸出物的含量，较全面地提高茶叶品质。

茶树缺磷往往在短时间内不易发现，有时要几年后才表现出来。其症状：新生芽叶黄瘦，节间不易伸长，老叶暗绿无光泽，进而枯黄脱落，根系呈黑褐色。

3. 钾

钾在茶树体内起着维持细胞膨压、保证各种代谢顺利进行的作用。钾是一些酶的活化剂，能促进核酸合成，促进蛋白质的形式和糖的聚合，有利于维管束机械组织的发育，能促进糖的运输，提高茶树抗旱和抗寒能力，促进创伤愈合。钾能增加原生质的水合程度，使黏度减少，对幼嫩组织的生长、物质的合成过程和各种生理机能的正常进行都有促进作用。钾离子影响气孔运动，调节水分蒸腾和二氧化碳气体进入叶片，直接影响茶树的光合速率。缺钾时，茶树下部叶片早期变老，提前脱落，且茶树分枝稀疏、纤弱、树冠不开展、嫩叶焦边并伴有不规则的缺绿，使茶树抵抗病虫和其他自然灾害的能力下降。

二、茶树的吸肥特性

（一）喜铵性

茶树作为一种采叶作物，在矿质营养中对氮的需求量最高，施氮肥对其最有增产效果。但茶树既可利用铵态氮，又可利用硝态氮，相比之下，更喜铵态氮。据同位素示踪试验显示，土壤中铵态氮和硝态氮同时存在时，茶树总是优先选择铵态氮吸收；在铵态氮和硝态氮等量存在时，对铵态氮的吸收强度要比硝态氮高几倍。而在生产中，铵态氮肥也比硝态氮肥更有增产效果，所以茶园施肥要以铵态氮肥为主。

（二）聚铝性

茶树由于长期生长在酸性的富铝化土壤上，在其个体发育过程中，树体各器官都聚集了大量的铝化物。其含量对于许多作物来说，已达到中毒死亡的程度，但茶树却平安无事。相反，适当高含量的铝能促进茶树根系生长，提高叶片的光合能力，促进碳水化合物的转化，尤其是铝对于促进茶氨酸转化成儿茶素的代谢、改进红茶品质有良好的作用。同时，铝还能促进茶树对磷的吸收和转化。据研究，在茶树适宜生长的 pH 条件下，借助茶树根分泌物的作用，铝、磷可按一定的分子比进行络合，并能被茶树所吸收。由于茶树体内的 pH 比土壤中高，磷铝络合物开始解体，磷被输送到茶树生长旺盛的芽叶中去，而铝则在各种酚类化合物的作用下被输送到老叶片中聚集起来，然后通过落叶从体内排出去，重新归回到土壤中，再次与磷络合被根所吸收。所以，铝的这种作用与茶树根系分泌大量有机酸及树体内含有丰富的多酚类化合物有密切关系。

总之，铝元素虽还未被确定是茶树有机物质的组成成分，但它对茶树生长的促进作用与其他作物相比更具有重要的意义。因此，茶树在富铝化土壤上，比在其他土壤上生长得更好。

（三）低氯性

氯是茶树的营养元素之一，但需要量非常少，因此在生产实践中并未发现茶树有“缺氯”表征或因缺氯而造成减产的现象。相反，由于在生产过程中施用过量的含氯化肥易造成“氯害”。茶树氯害原因并不十分清楚，据中国农业科学院茶叶研究所的研究，茶树吸收过量的氯离子对茶树末端氧化酶有不良的影响，这可能是茶树发生氯害的原因之一。茶树氯害与树龄有关，幼年茶树对过量的氯离子极为敏感，最易发生氯害。随

着树龄增大，对氯离子的敏感性逐渐下降。多次台刈改造后的老茶树对氯离子的反应十分迟钝，因此，不易造成氯害。受氯害的茶树通过落叶把体内的氯元素排出后，茶树还能重新抽芽生叶，但新发的芽叶常常出现畸形和生理病变，生长势差。

（四）嫌钙性

钙是茶树重要的营养元素之一，对茶树许多酶促反应、碳代谢，以及平衡和稳定树体内的反应条件等都有十分重要的作用。但是，茶树属嫌钙作物，它对钙的需求比一般作物低得多。如果与同时生长在酸性土壤上的桑树和橘树相比，几乎要低十几倍以至几十倍。因此，茶树在生长过程中对钙的需求量较少，过量的钙反而会有害其生长。但必须指出，茶树"嫌钙"并不是不需要钙，如果土壤酸度很高，活性钙含量很少，茶树同样也会出现钙的缺素症。不过，在我国当前茶叶生产中，钙过量影响茶树生长的现象较多见，而缺钙影响茶树生长的却比较少见。但是在氮肥用量过多、茶园土壤酸化严重的情况下，则要警惕缺钙的发生。

（五）营养的连续性

茶树对所需营养物质需求表现出从不间断的特点。茶树一生都要依靠根系从土壤中吸收水分和养分，依靠叶片利用光能和二氧化碳进行光合作用，总发育周期中对所需营养物质要求具有连续性。年发育周期中，在我国长江中下游的广大产茶区一般每年在10月以后，其茶树的地上部逐步停止生长，直至翌年3月。但在这一段期间内，叶片的光合作用和呼吸作用并没有停止，茶树依然进行着物质的积累和消耗，而且积累远要超过消耗，并把积累的物质输送到根部储存起来。到第二年早春，这些储存物质又不断地输送到枝梢，供新梢芽叶生长所需，成为春茶生长的重要物质基础，明显表现出"吸收→储存→再利用"的特点，前期的积累供后期的发育需要。尽管茶树存在地上部与地下部交替生长的现象，从而造成某些器官在一定时期内处于相对休止状态，但所需营养物质仍从未间断；茶树发育与茶树芽叶的不断采摘，所消耗的大量矿质营养也必须得到不断的补充。

（六）营养的阶段性

茶树在生长期间具有明显的季节性和轮次性，地上部和地下部的生长也具有明显的自行调节功能。因此，它对肥料的吸收也表现出明显的阶段性特点。春茶生长迅猛，产量高，消耗大，并十分集中，需肥多，在短短的20多天中，养分的吸收量占生长季节总吸收量的40％～45％。夏季生长期也较短，但产量低，消耗少，吸肥量也相对少。三茶和四茶因时间长，生长缓慢，且受伏旱等影响，吸收能力逐步减弱。因此，茶树在四个茶季中对肥料的吸收利用能力表现出波浪式的下降。施肥时，无论是肥料的选择、搭配或施肥时间都要考虑茶树的这些特点，既要满足茶树对养分连续吸收的特点，又要满足阶段性集中需求的特征。

（七）营养的集中性

在大部分茶区，每年4～9月为茶树地上部分生长最旺盛的时期，茶树所吸收的养分可占全年总吸收量的65％～70％。据在浙江省的茶园测定，在4月中旬至5月上旬的短短20多天的春茶期间，茶树对矿质营养元素的吸收量占总吸收量的40％～45％；夏、秋茶期间，茶树生长缓慢，产量比重下降，加上干旱、高温等因子的影响，吸收能力随之降低，需肥量相对减少。在5月至10月中旬的150多天中，它对矿质营养元素的吸收量只占总吸收量的55％～60％。茶树对氮、磷、钾等营养元素的吸收和需要各不相同。茶树对氮的吸收以4～6月、7～8月、9～11月为多。其中，前两期的吸收量占总吸收量的一半以上，而且吸收的氮素在茶树体内的分布也有所

不同。在3～4月和6～9月期间，茶树吸收的氮素主要提供给新梢生长，在根中的分配相应减少；到了地上部停止生长的11月至翌年2月，氮素主要分配到根系中。磷的吸收集中于4～6月和9月。因此，依茶树具有在某一生长期需要大量养分的现象，应集中提供大量的营养物质，以满足茶树旺盛生长的需要。

（八）营养储存和再利用性

茶树作为多年生的作物，在营养吸收利用上与一年生作物有很大的不同，对许多营养元素具有明显的储存和再利用的特性。茶树根系、根颈及成熟叶片，不仅是营养物质吸收和同化的器官，同时也是各种营养物质的“仓库”。根据同位素的示踪试验，茶树在秋后地上部逐步停止生长时，成熟叶的光合作用并未停止，而光合作用产物很少消耗在叶片的生长上，却向地下部转移，与根系所吸收的养分结合成各种形式的化合物并储存在根系和根颈中。到翌年早春，这些物质又不断地被输送到地上部分，成为春茶生长的重要物质基础。

三、茶园施肥技术

茶树高产优质栽培管理中，施肥是最有效果的措施之一。但由于各种肥料的性质和作用不同，施肥时期和方法也不尽相同，要根据茶园土壤性质、茶树吸肥特性以及天气条件进行综合考虑。

（一）茶园施肥原则

1. 以有机肥为主，有机肥与无机肥相结合

茶园土壤是茶树生长的物质基础，良好的土壤肥力是保证茶叶优质高产的前提条件。有机肥养分完全，比例协调，有利于茶树的吸收，而且有机肥在分解过程中产生的一些物质能与土壤无机胶体结合，形成不同粒径的有机-无机团聚体，具有

改善茶园土壤物理性质的作用。有机肥料分解形成的有机酸和腐殖质酸能与土壤中的铁和铝螯合，减少它们对磷元素的固定，从而提高磷肥的肥效。但是，有机肥的有效养分含量低，释放缓慢，不能适应茶树生长季节对肥料需求量大、吸收快的要求，因此，要与有效浓度高、养分释放快的化肥相互配合施用。

2. 以氮肥为主，氮、磷、钾三要素相配合

茶树是采叶作物，对氮的需求量最大，而茶园土壤的有效氮十分缺乏。因此，对大多数茶园来说，氮是茶叶生长的第一限制因子。茶树对磷、钾等也有较多的需求，在施用氮肥时配合施用磷、钾肥，可显著提高施肥效果。

3. 重视基肥，基肥与追肥相结合

茶树是多年生作物，在年生长周期中总是不停地吸收所需的养分。据同位素示踪实验显示，即使在低温越冬期间，地上部进入休眠状态时，地下部分仍有吸收能力，并把所吸收的营养物质储存于根系等器官中，以供翌年春茶萌发生长之需。农谚"基肥足，春茶绿"就反映了这个规律。实际上，基肥不仅对春茶有影响，而且对茶树全年的生长发育都有影响。因此，无论是幼龄茶园、成龄茶园或衰老茶园，都应重视基肥施用。同时，在茶树年生育过程中，其生长和需肥都具有明显的阶段性，只施基肥而不进行追肥就难以满足茶树发育对养分的需求。所以，必须针对茶树生长不同时期对养分需要的实际情况，在施足基肥的基础上及时进行分期追肥。

4. 掌握肥料性质，合理施肥

不同种类的肥料其性质和肥效均有不同：有的肥效快，有的肥效慢；有的易挥发，有的易引起肥害；有的则不能混合使用。在茶园施肥时，应根据各种肥料的性质掌握施用肥料的数量、方法、时间等，以提高施肥效果。

5. 以根际施肥为主，根际施肥与根外施肥相结合

茶树的叶片也具有吸收养分的能力，有些微量元素须在根部施肥的基础上配合叶面施肥才可获良好效果。尤其是在出现土壤干旱、湿害和病症等情况下，叶面施肥更显必要。但是，由于茶树叶片的主要生理作用是进行光合和呼吸作用，对养分的吸收能力和数量都远不及根系。因此，茶园施肥要以根部施肥为主，适时辅以叶面施肥，两种施肥方式相互配合以发挥各自的效应。

此外，茶园施肥受到各种因子的影响，并非一项孤立的农业技术措施，施肥必须遵循因地制宜、灵活掌握的原则。

(二)茶园主要肥料的种类和性能

1. 有机肥

目前用于茶园的有机肥种类很多，主要有以下几种：

(1)饼肥。饼肥是我国茶园中使用比较广泛的有机肥料，主要是各种油料作物种子榨油后留下的糟粕，如菜籽饼、大豆饼、花生饼、桐籽饼、棉好饼、椰子饼等。饼肥中含有的机物质和氮、磷、钾均较丰富，既可作基肥，又可在堆腐后作追肥。

(2)厩肥和畜禽粪肥。主要有猪栏肥、牛栏肥、羊栏肥和兔栏肥等。厩肥含有机质多，是一种完全肥料，在茶园中宜作基肥施用。施用时应注意黏土施浅一些，沙土施深一些，以控制分解速度，使肥效持久。

(3)人粪尿。一般呈中性反应，速效养分含量较高，其中含氮较多，磷、钾较少。氮素中70%～80%为氨态和尿素态，肥效大而快，对促进茶树生长、提高产量和质量均有良好作用。

(4)堆肥。由枯枝落叶、杂草、垃圾、绿肥、河(湖)泥、粪便等物质混杂在一起经过堆腐而成，纤维素含量高，但养分含量较前三种低，改土效果好，对茶叶的增产效果十分显著。

2. 无机肥

无机肥又称化学肥料。其特点是养分含量高，主要成分易溶于水，易转化为被茶树吸收的状态。目前，茶树常用化学肥料的品种有氮肥类、磷肥类和钾肥类。

(1)氮肥类。常用的有尿素、硫酸铵等。

尿素：呈中性，吸湿性很强，可做土壤施肥，也可做叶面肥，易被茶树吸收利用。尿素在低温时分解较慢，在高温下分解较快，宜在夏、秋季做追肥，一般5～6天后便分解并被茶树吸收。尿素的分解速度与土壤酸度也有密切关系，土壤酸度越高，分解越慢，因此，在茶园施尿素时宜提早施用。

硫酸铵：为铵态氮肥，含氮20.5%～21%，含硫24%。因此，它也是重要的含硫肥料，是生理酸性肥料，长期单独施用会使土壤酸化和板结。硫酸铵肥效快，2～3天即可被茶树吸收，做追肥使用最为理想。

(2)磷肥类。常用的有普通过磷酸钙、钙镁磷肥、磷矿粉等。

普通过磷酸钙：简称普钙，呈淡灰色粉末状，酸性，易溶于水，易与土壤中的铁、铝等经化合反应形成不溶性中性盐。做基肥最好与农家肥配合施用，做追肥最好与氮肥配合施用，夏季施肥效果最好。

钙镁磷肥：一般含有效磷14%～19%，属弱酸溶性肥料，施入茶园土壤中，在茶根分泌的有机酸和土壤中酸性物质的作用下，逐步溶解出有效磷，肥效长而持久，宜做基肥施用。

磷矿粉：由含磷的矿石粉碎而成，含磷量在14%以上，呈棕褐色粉末，微碱性，属难溶性肥料，肥效迟缓，一般应与有机肥堆积发酵后做茶园基肥。

(3)钾肥类、复合肥类。适于茶树施用的化学钾肥主要是硫酸钾，而氯化钾因含有对茶树有害的氯元素则不能使用。

硫酸钾：含有效钾(K_2O)50%，易溶于水，属生理酸性肥料，使用时最好与磷矿粉等碱性肥配合，并主要施在茶树吸收根分布多的部位，以减少土壤对钾的固定。草木灰是农家钾肥，含钾量较低，呈碱性反应，适合于土壤酸性较高的茶园施用，除了提供钾营养外，还能起到调节土壤 pH 的作用。

复合肥：是含有氮、磷、钾等主要营养元素中两种或两种以上成分的一类肥料，在茶园中具有广阔的使用前景。复合肥分化合和混合两种。其中，化合复合肥有氢化过磷酸钙、硝酸磷肥、磷酸铵、磷酸二氢钾、硝酸钾、硝酸铵等；混合复合肥是用单种肥根据不同时期的需要灵活配制而成。另外，在一些复合肥中还可适当添加微量元素制成更为完善的多元复合肥。

（三）茶园营养诊断

对茶树进行营养诊断，可确定茶园施肥的时期、施肥数量、施肥的种类，快速、便捷、实用的诊断方法显得十分重要。

1. 营养诊断的意义

茶树的生长发育与自身营养状况有密切联系，营养失调将导致茶树生长异常，茶叶产量和品质降低。茶园营养诊断的目的是对已发生的生理障碍查找原因，制订消除障碍的措施，改善茶树的营养状况以提高经济效益；或者是对茶园土壤理化性质进行诊断，为制订合理的农技措施提供依据。

2. 营养诊断技术

营养诊断主要包括茶树形态诊断，土壤和茶树的化学诊断，酶学诊断等。

(1)茶树形态诊断。茶树养分不足通常表现为器官生长和发育的提前或延迟。由于茶树体内各种营养元素的移动性和生理功能是不同的，因此，营养失调时症状所出现的部位和外部形态也是不同的，即失调症状出现的部位和形态特征是有规律的。从形态诊断观察植株的长势、长相或者特有的症状，可以分析判断所缺元素的种类和估计缺乏的程度。由于茶树的外观形态还受到土壤、气候和病害等因子的影响，如叶片失绿，既可能是缺素的症状表现，也可能是由于土壤水分过多或气温低等所造成。因此，形态诊断只能为进一步对土壤、植株化学诊断提供材料。进行形态营养诊断时要考虑到各种可能的影响，综合分析研究。

为检验形态营养诊断的准确程度，还可采用缺素补给法进行辅助诊断，即当发现某种症状时，可采用喷施、涂抹、注射和叶脉浸渍等补给方法，使茶树植株获得引起生理障碍的元素后，形态特征应有所变化。若障碍症状消失，可能是缺乏该种元素，若障碍症状加重，则可能是由其他原因引起。

综合各地研究，茶树缺素症状在形态上的表现见表 4-2。

表 4-2　茶树缺乏矿质元素表现的症状

缺乏的营养元素	主要症状
氮	生长减缓，新梢萌发轮次减少，新叶变小，对夹叶增多；随缺氮严重，叶绿素含量明显减少，叶色黄而无光泽，叶脉和叶柄逐渐显现棕色，叶质粗硬，叶片提早脱落；开花结实增多，新梢停止生长，最后全株枯萎
磷	初期茶树生长缓慢，接着根系生长不良，吸收根提早木质化，逐步变成红褐色，嫩叶暗红，叶柄和主脉呈现红色，老叶暗绿；随着缺磷严重，老叶失去光泽，出现紫红色块状的突起，花果少或没有花果，发育处于停止状态
钾	初期与缺氮相似，接着老叶叶尖变黄，并逐步向基部扩大，使叶缘呈焦灼、干枯状，并向上或向下卷曲；下表皮有明显的焦斑，组织坏死；严重时，老叶提早脱落，枝条灰色、枯枝增多，易感染茶饼病、云纹叶枯病和炭疽病以及其他茶树病害

续表

缺乏的营养元素	主要症状
钙	首先表现在幼嫩芽叶上，嫩叶向下卷曲，叶尖呈钩状或匙状，色焦黄，逐渐向叶基发展；中期顶芽开始枯死，叶上出现紫红色斑块，斑块中央为灰褐色，边缘呈棕红色，质脆易破裂；后期老叶出现黄白色花斑，茎细节短，根系有腐烂枯死现象
镁	初期上部新叶绿色，下部老叶干燥粗糙，上表皮呈灰褐色，无光泽，有黑褐色或铁锈色突起斑块；中期老叶灰白或棕黄色，叶尖、叶缘开始坏死；后期幼叶失绿，老叶全部变灰白，出现严重的缺绿症，但主脉附近有一"V"形小区域保持暗绿色，外面围绕一黄边
硫	初期表现为嫩叶失绿，但主脉不红；后期下部老叶出现少量黄白色花斑，茎细节短，根系发黑
铁	初期表现为顶芽淡黄，嫩叶花白而叶脉仍为绿色，形成网眼黄化；后期叶脉失绿，顶端芽叶全变黄，甚至变白，下部老叶仍呈绿色
锰	首先发生在刚展开的幼叶上，即叶脉间形成杂色或黄色的斑块(从叶缘向内蔓延)，而叶脉和斑块周围仍为绿色，成熟新叶轻微失绿，叶尖、叶缘和锯齿间出现棕褐色斑点，斑中央有红色坏死点，周围有黄色晕轮，斑块逐渐向主脉和叶基延伸扩大，随之斑块毗连成片，叶尖叶缘开始向下卷曲，易破裂，后期病叶脱落，顶芽枯死
锌	茶树嫩叶出现黄色斑块，叶狭小或萎黄，叶片两边产生不对称卷曲或是镰刀形，刚成熟的新叶中部出现淡黄色小点，中央白色，中期黄点迅速扩大，黄白色花斑更鲜明；后期叶小而皱缩扭曲，病斑呈灰白色，枯死后破裂成孔洞，继而病叶脱落；新梢发育不良，出现莲座叶丛，植株矮小，茎节短，根系发黑枯死
铜	初期在成熟新叶上出现形状规则、大小不等的玫瑰色小圆点，中央白色；中期病斑转为橘黄色，随之出现坏死病斑；后期病叶严重失绿，病斑扩大，叶缘坏死，但主脉仍为绿色

(2)茶树化学诊断。茶树化学诊断是用化学检测方法分析茶树所含的养分含量，然后进行比较，以诊断营养元素的丰缺。植株化学分析结果对判断养分的丰缺具有更直接、更可靠的意义。因为茶树体内某些元素的含量与其生长和茶叶产量品质之间存在着直接或间接的相关关系，某一营养成分过高或过低都将对茶树发育产生不利的影响，通过利用已知参数对照化学测定的结果，便可判断营养状况。化学测定诊断可以在缺素的较早阶段(外部形态往往还不太明显时)就为营养诊断提供可靠的信息。植株化学诊断可为确定茶树施肥种类、数量、比例以及最佳的施肥时间与方法提供科学的依据。

茶树营养元素含量与取样时间和部位有关。取样部位应当选取树体营养元素反应灵敏的部分进行。一般选取春茶一芽二、三叶和成熟叶为宜。取样时间除特殊目的外，基本上是在茶树新梢生长旺盛期进行。同时，不同营养元素在茶树中的移动性不一样。对于移动性强的营养元素，通常取成熟叶进行营养诊断；而对于移动性弱的元素，则选用新梢较好。

(3)土壤化学诊断。土壤化学诊断是用化学测定法分析茶园土壤中的养分含量，然后与经验拟定的标准进行比较，以诊断营养元素的丰缺，亦可分别测定正常与异常植株所生长的土壤中的养分含量进行比较判断。土壤化学诊断与形态诊断所不同的是化学诊断能准确提出定性和定量的依据，其目的是了解某一时期内土壤养分的动态变化及供肥水平。

土壤化学诊断的准确度与取样时间、方法、深度等有很大关系，取样方法的正确与否直接关系到所获得的土壤样品能否代表茶园的实际情况。根据诊断目的决定取样的时间，在发现茶树生理障碍时，应及时在发生障碍的植株周围取样。所取的土壤样品必须具有相对的代表性，要根据地貌特点、土壤类型、地块大小、施肥记录等决定样品数量。每个土壤样品通常

由 10 个以上取样点取得的土壤混合而成。由于诊断分析的目的不同而取样深度也有所不同，一般取样深度为 0～20 厘米，鉴于茶树根系分布较深的特点，茶园土壤取样深度应达到 40 厘米左右。若要了解土壤上下层养分含量的变化，就要按土壤剖面分层进行取样，以获得可靠的分析数据。土壤取样时间一般全年可行，但以全年茶季结束后施基肥前比较好。此时取样分析的养分含量与茶叶产量的相关性最好，同时便于根据土壤测试情况制订全年的施肥计划。

(4)酶学诊断。许多营养元素，尤其是微量元素是酶的组成成分或活化剂。若缺少某种元素，那么与该元素关系密切的酶的数量和活性等就会发生变化。所以可根据最敏感酶的变化来诊断植株的营养状况，判断某元素的丰缺。酶的变化远早于植株的外部形态的变化，因此酶学诊断灵敏度高，有利于缺素症的早期诊断或潜在性缺乏的诊断。

除了上述诊断之外，还有利用土壤微生物、菌丝体等进行诊断，但此诊断法目前在生产上应用很少。

(四)茶园施肥时期管理与方法

茶园施肥效果与施肥时期和方法有密切关系，只有掌握适当的施肥时期和不同肥料的性质，采用经济合理的用肥量和施肥方法，才能得到良好的施肥效果。根据茶树的生育周期和需肥特性，茶园施肥可分为底肥、基肥、追肥和叶面肥等几种。

1. 底肥

(1)底肥的作用。在开辟新茶园或改种换植时施入的肥料，称为底肥。底肥的主要作用是增加茶园土壤有机质，改良土壤理化性质，促进土壤熟化，提高土壤肥力，为茶树生长、优质高产创造良好的土壤条件。施用底肥对新垦茶园，尤其是对新垦条植茶园效果显著。茶园底肥一定要施深、施足、施好，才能充分发挥肥效。

(2)茶园底肥种类。

有机肥：牲畜粪肥、绿肥、草肥、秸秆、堆肥、厩肥、饼肥等。

化肥：磷矿粉、钙镁磷肥、过磷酸钙等。

(3)底肥施用时期。茶园底肥施用是在开挖种植沟时进行。

(4)底肥施用量。农家有机肥(牲畜粪肥)为2000～3000千克/亩，钙镁磷肥或过磷酸钙为100～150千克/亩。

(5)底肥施用方法。将有机肥与化肥混合施用，其效果要优于单纯采用速效化肥。底肥要做到分层施用，土肥相融，促进深层土壤的熟化，诱发茶树根系向深层发展。底肥可集中在种植沟里施入，开沟时沟深50～60厘米，先填15～20厘米的表土，施入一层肥料后，再填一层表土，最后再施一层肥料，肥料施入种植沟与土充分拌和均匀。

2. 基肥

(1)基肥的作用。茶树地上部分停止生长之后施入的肥料，称为茶园基肥。基肥的作用主要是提供足够的能缓慢分解的营养物质，以供给冬季根系生长活动的需要，同时也为第二年春季萌发提供养分，对春茶的早发、旺发和肥壮起重要作用。

(2)茶园基肥种类。施用基肥的目的不仅是为茶树提供营养元素，更主要的是改良土壤理化性质。因此，基肥要求含有较高的有机质以便培肥土壤，改善土壤的理化性质，提高土壤保肥、供肥能力。同时，又要含有一定的速效营养成分，以利于茶树吸收。基肥还应具有缓慢释放养分的特点，以适应茶树在秋冬期间对养分吸收能力弱的特点。因此，基肥以迟效性农家肥为主，如厩肥、堆肥、绿肥、草煤(又名泥炭)、牲畜粪尿、油枯(油饼)等，是有机质含量比较丰富的肥料，同时混合氮、磷、钾三元复合肥、过磷酸钙或磷矿粉施用，做到取长补

短，既能为茶树提供部分速效养分，又能提供部分缓慢分解的有机养分，同时也具有改土作用。有机肥种类多，养分含量不一，对提供茶树养分能力和改土作用不尽相同。例如，饼肥的含氮水平较高，对提高茶树的营养能力较好，但是碳氮比例低，改土培肥能力较弱。相反，堆肥和厩肥的含氮量较低，但是碳氮比例高，在提高土壤有机质方面作用明显。因此，可以采用饼肥和堆肥或厩肥的混合物，或者采取隔年轮换施用。

(3)基肥的施用时期。基肥的施用时间取决于茶树地上部分停止生长的时间，一般在地上部分停止生长后立即施用，宜早不宜迟。适时施基肥并结合冬耕，有利于越冬芽的正常发育和损伤根系的愈合。

(4)基肥的用量。茶园基肥施用量要根据茶园土壤肥力水平、茶树年龄、茶叶产量、茶树生长势、耕作管理水平等因子综合分析，因园、因树适宜地施用。茶树由小到大，施肥量也应从少到多。一般来说，幼龄茶树在种植后的第二年至投产前，每年结合行间冬耕熟化土壤，亩施厩肥、堆肥、牲畜粪肥等有机肥 1500～2000 千克，或饼肥 100～150 千克，配施复合肥 20～30 千克；成龄采摘茶园基肥的施用数量还要增加，亩施厩肥、堆肥、牲畜粪肥等有机肥 2000～3000 千克，或饼肥 200 千克以上，配施复合肥 30～40 千克。

磷肥可隔年配合堆肥混合施用，亩施过磷酸钙 25 千克、钾肥(硫酸钾)10 千克。没有商品钾肥，可施少量草木灰。

(5)基肥的施用方法。

①幼龄及青年茶园。首先要探明茶树根系的分布范围，平地和梯地茶园在茶树两侧，20～25 厘米以外的茶行间细根范围外开 2 条宽 15 厘米、深 15～20 厘米的施肥沟，然后把肥料均匀地施入沟内覆土。对于覆盖度小的多条植幼龄茶园，也可在茶行的空隙间挖穴施肥。

②坡地条栽茶园可按上述距离，在茶树上方开施肥沟。

③成龄茶园。成龄茶园根系分布范围基本上与树冠范围相一致，可沿树冠垂直的外围开20～25厘米深的施肥沟。应根据茶树的种植方式，采用不同的方式挖施肥沟，如平地、梯地及坡地等高条植茶园，可开长条形施肥沟；平地丛植茶园沿茶丛周围开环形施肥沟；稀植坡地茶园在茶树上方开半圆形沟，施下肥料与土壤拌和后，再用土覆盖。

3. 追肥

(1)追肥的作用。茶树地上部分生长期间施用的肥料，称为茶园追肥。追肥的主要作用是不断补充茶树生长过程中对养分的需要，促进茶树生长，达到持续优质高产的目的。在一些茶区的茶树有明显的休眠期和生长旺盛期。据研究，茶树休眠期间吸收的养分占全年总吸收量的30%～35%，而在旺盛期间的养分吸收占65%～70%。在生长旺盛季节，茶树除了利用储存的养分外，还要从土壤中吸收大量营养元素，因此，需要通过追肥来补充土壤养分。茶树生长季节性强，追肥要及时进行，使茶树在生长过程中不发生养分供应脱节现象，使有限的肥料发挥最大的效果。

(2)追肥的品种。茶树旺盛生长期间对养分的吸收能力强，吸收快，因此，追肥以速效氮肥为主，常用的有尿素、碳酸氢氨、硫酸铵等。在此基础上配施磷钾肥及微量元素肥料，或以复合肥做追肥。

(3)追肥时期。追肥时间一般在各茶季之前，分为春、夏、秋追肥。幼龄茶园的追肥时期与成龄茶园大致相同，同时为了发挥定型修剪的效果，可在修剪结束后立即进行追肥。

(4)追肥施用量。茶园追肥要依据树龄、茶叶产量和土壤肥力水平进行综合考虑，一般来说，茶树从小到大，产量由低到高，施肥量也随之增加。茶园每年亩施氮肥量见表4-3。

表 4-3　茶园氮素追肥用量参考

幼年茶园		成年茶园	
树龄	氮肥用量/（kg·hm^{-2}）	干茶产量/（kg·hm^{-2}）	氮肥用量/（kg·hm^{-2}）
1～2	37.5～75	＜750	90～120
3～4	75～112.5	750～1500	100～250
—	—	1500～2250	200～350
—	—	2250～3000	300～350
—	—	＞3000	400～600

追肥的分配比例主要取决于茶树的生物学特性、采摘制度及气候条件等因子。幼龄茶园的追肥，如果分两次施，第一次可施下全年用量的60%，第二次为40%；如分三次追施，可用50%、30%、20%分施。对于采摘茶园，可采用40%、30%、30%或50%、25%、25%的比例施用。

(5)追肥的施用方法。

①幼龄及青年茶园开施肥沟的位置同基肥一样，且施肥沟的深度可浅一些，一般深度开5厘米左右的平底沟，将所施化肥均匀地施入沟内，再用土覆盖。如在春茶前旱季追肥，应先用水溶解化肥，再浇入施肥沟内，待肥液被土壤吸收后再覆土。一般，0.5～1千克化肥兑水50千克，这样可以使肥料迅速被茶树根系吸收，又有抗旱作用。

②成龄茶园追肥。在原来施基肥的位置上，开10～15厘米深、30厘米左右宽的平底浅沟，开沟的形状与施基肥一样，将应施的化肥均匀地施入沟内与土壤拌和后再用土覆盖，旱季施用化肥应兑水浅施，以提高肥效。

4. 茶园根外追肥

茶树除了根部能吸收养分外，叶片及绿色枝条也能吸收养分。把含有养分的溶液喷到作物的地上部分(主要是叶片)叫做根外施肥。

(1)茶树叶片吸收养分的特点。叶片吸收吸附在其表面的营养物质有两种途径：一是通过叶片的气孔进入叶片内部；二是通过叶片表面角质层化合物分子间隙向内渗透进入叶片细胞。这些物质进入细胞后，同根部吸收的营养一样被同化。茶树吸收的营养物质能迅速输送到其他组织和器官中，尤以生长比较活跃的幼嫩组织（如新梢）中较多，输送到根系的较少。

(2)茶树叶面施肥的优点如下：

①叶面吸收的养分能很快地输送到各个组织和器官中，促进茶叶嫩芽新梢早生晚发，可有效提早茶芽开采期和增加茶园鲜叶产量。

②叶面施肥不受土壤对养分淋溶、固定、转化、生物等因素的影响，养分利用率高，施肥效益好。

③通过叶面施肥还能活化茶树体内酶的分解，加强茶树根系吸收能力，从而促进茶树生长，增强茶树抗逆性，提高茶叶产量，改善茶叶品质。

④在逆境条件下，喷施叶面肥还能增强茶树的抗性。例如，干旱季节进行叶面施肥，还可以改善茶园小气候，有利于提高茶树抗旱能力；而在一些冬季气温较低的地区，秋季进行叶面施磷、钾肥，可以提高茶树抗寒越冬能力。

⑤叶面肥可以同防治病虫害、喷灌等结合，可提高劳动效率，节省用工。

(3)叶面肥的肥料种类和浓度。叶面肥施用效果与肥料浓度有较大关系，浓度过低，效果差；浓度过高，容易灼伤叶片。因此，叶面肥浓度必须适当。叶面肥种类较多，大致可分为大量元素、微量元素、稀土元素、有机液肥、生物菌肥、生长调节剂以及专门型和广谱型叶面营养物。由于叶面肥种类较多，性质和作用各不相同，施用的浓度和用量有较大差异。因此，在使用前要注意参照说明书。综合各地的实践，一些常用叶面肥的使用浓度见表4-4，具体可根据茶树营养诊断和土壤测定，依照按缺补缺、按需补需的原则分别选择。

表 4-4　茶树常用叶面肥种类及使用浓度

叶面肥种类	名称	浓度
大量元素	尿素	0.5%～1.0%
	硫酸铵	1.0%～2.0%
	过磷酸钙	1.0%～2.0%
	磷酸二氢钾	0.5%～1.0%
	硫酸钾	0.5%～1.0%
	硫酸镁	0.01%～0.05%
	硫酸锰	0.2%～0.3%
微量元素	硼砂	0.05%～0.1%
	硼酸	0.1%～0.5%
	硫酸铵	0.1%～0.5%
	硫酸锌	0.1%～0.5%
	钼酸钠	0.1%
	钼酸铵	0.05%～0.1%
	硫酸铜	0.05%～0.1%
	亚硒酸钠	0.005%～0.01%
	复合微肥	0.2%
	茶叶素	1%
稀土元素	农乐	0.03%～0.05%
有机液肥	氨基酸液肥	稀释 300～600 倍
	高美施	稀释 500 倍
	生化有机液肥	稀释 300 倍
生物肥	增产菌	500 mg/kg
	EM	稀释 1000 倍
	核酸生物	稀释 2000～3000 倍
生长调节剂	植保素	稀释 900 倍
	农家乐	1%
	三十烷醇	800～1000 mg/kg
	叶面宝	125 mg/kg
	BR-120	0.3%
	爱农	0.2%
	LH-P	200 倍
	健生素	2%
	P_{51}	20～60 mg/kg
	赤霉素	50～100 mg/kg
	920	2500 倍
	茶壮素	1%
	EF 植生长剂	75～100 mg/kg

(4)根外追肥应注意的事项。

①喷施时机：根外追肥最好在新梢伸展的初期进行，即鱼叶和第一片真叶初展时喷施最好。因为幼嫩芽叶表面细胞柔软，吸收养分较快，能及时促进新梢生长。

②喷施时间：以傍晚或阴天为宜。早上有露水，肥料容易稀释流失；中午有烈日，高温暴晒引起水分快速蒸发改变肥液浓度，使茶树叶片枯焦。同时也要防止喷施后下雨淋洗，降低根外追肥效果。

③喷施部位：茶树叶片正面蜡质层较厚，而背面薄、气孔多，吸收能力较正面强，因此，喷施时要正、背面同时喷施，特别要注意叶片背面的喷施。

④喷施方法：在与农药配合时，要注意农药和肥料的化学性质，酸性农药配酸性化肥，碱性农药配碱性化肥，以免改变药液的性质。

据研究，叶面吸收的营养物质不能运送到茶树所有器官及组织内，因此，根外追肥不能代替根部追肥。在叶面喷施的同时还要加强根部追肥，这样才能起到较好的作用。

第三节　茶园水分管理

茶园水分管理状况不仅直接影响茶树的正常生长发育，还与土壤肥力和各项栽培管理技术措施有密切的关系。采用相应的水分管理技术是实现茶叶高产、优质、高效、低耗的重要栽培技术措施之一。

一、茶树生长与水分的关系

水是茶树生命物质的重要组成部分。茶树为多年生叶用经济作物，对水分的需求特别高，特别是在气温较高、天气较为干热的生长季节对水的需求量更大。茶园需水量随土壤水分状

况、茶树品种、生育时期、树龄、采摘方法以及土壤管理技术方法的不同而不同。

（一）茶树的需水特性

(1)不同树龄茶树的需水特性。不同树龄茶树的根系发育状态不同，枝干伸展程度不同，树冠面大小不同，叶面积指数不同。幼龄茶树根系浅，枝干伸展程度有限，树冠面尚在形成当中，枝叶较少，叶面积指数小，茶树蒸腾作用较小，裸地蒸发量较大。成龄茶树根系深广，各级分枝伸展形成较大的树冠面，叶面积指数大，茶树蒸腾作用较大，蒸发量较小。老龄茶树根系衰弱回缩，侧枝育芽力减弱，树势衰退，树冠面缩小，叶面积指数严重下降，茶树蒸腾作用趋小，裸地蒸发量变大。茶园的阶段日平均耗水量随树冠覆盖度的增大和产量的增加而加大。

(2)不同季节茶树的需水特性。茶树由于受气候条件和本身生长发育状况的影响，在不同季节有不同的需水要求，因此，茶树需水的季节变化在一定的地域范围内存在一定的规律性。杭州地区在春茶期间(3～5月)由于雨水充沛，气温不高，一般成龄茶树日耗水量(需水量)为3～4毫米，土壤相对含水量保持在90%以上(占田间持水量的百分率，下同)，有效水分充足；到了盛夏(7～8月)，光照强，气温高，蒸发大，茶树日平均耗水量可达7毫米以上，且自然降水变幅大，没有春茶期间稳定可靠，因此，茶园土壤水分变动较大；秋冬季节(10月至翌年2月)则为本地区一年中降水量较少的时期，常年月降水量仅在50毫米左右，但因这段时期的气温低，蒸发量小，茶树进入越冬休眠阶段，对水分要求不多，日平均耗水量仅为1～3毫米。因此，一般茶园土壤月平均相对含水量仍可保持在80%左右。成龄茶园的全年需水量约为1300毫米左右，其中4～10月生长季节需水量约1000毫米，占全年需水量的77%。尤其是盛夏高温季节(7～8月)需水量占全年的

30%以上，而气温较低的寒冬和早春(12月至翌年2月)，日需水量仅为50毫米左右。

尽管茶树的耗水量存在季节差异，但任何阶段的过度缺水都会对茶树的生长发育产生不利影响。经常保证茶园土壤水分的有效供给是高产优质高效茶叶生产的必要前提，应该给予重视。

(二)土壤水分对茶树生育的影响

土壤水分是茶树生理与生态需水的主要来源，又是土壤肥力的重要组成部分，与茶树生长发育关系密切。茶树的芽叶生长强度、叶片形态结构及其内含物的生化成分等指标，均以土壤相对含水量80%～90%为最佳，而根系生长则以65%～80%为好。在适宜的土壤温度下，茶树生长旺盛，体内含水量一般约占全株质量的60%左右，幼嫩芽叶含水量可达80%左右，光合作用等生理代谢功能增强，物质代谢趋向合成，有利于体内干物质的积累，使芽叶萌发快，数量多，嫩度好，内含物丰富。特别是鲜叶中氨基酸与多酚类物质的增加，对形成香浓味醇的红、绿茶品质都较有利。但如果在旱季，当根系层土壤含水量降到田间持水量的60%左右，并伴有高温与干燥的空气时，茶树体内水分代谢容易失调，叶细胞容易产生质壁分离，破坏细胞透性，使叶绿体失去正常生理功能，光合作用受到抑制，物质代谢趋向分解，体内干物质的形成与积累减少，导致芽叶萌发受阻，鲜叶产量与品质均下降。实践证明，凡旱季灌溉，使土壤湿度保持在田间持水量70%～90%的茶园，无论是鲜叶还是加工后的成品茶，其品质都有不同程度的提高，有的甚至比对照提高一个等级。且产量增加更显著，一般可比对照增加30%以上，经济效益较高。

二、茶园水分保持技术

(一)茶园土壤水分散失的途径

为了做好茶园保水、蓄水工作，必须明确茶园土壤水分散

失的途径(或方式)，以便有的放矢地采取相应措施，最大限度地减少水分流失现象，提高茶树对水分的经济利用系数。茶园水分散失的方式主要有地面径流、地面蒸发、地下水潜移(包括渗漏和转移)、茶树及其他植物的蒸腾作用等。除茶树本身的蒸腾在一定程度上为茶树生长发育过程的正常代谢所必需外，其他散失都属无效损耗，应尽可能避免或减少到最低程度。

(1)地面径流。茶园地面径流主要是由暴雨形成。当降水强度大于土壤渗透速率时就会发生地表径流，所以它和土壤质地、含水量、降水强度及持续时间有关。土层浅薄的坡地茶园易产生径流损失。新辟茶园的前 1～2 年由于地面覆盖度小，水土流失更为严重。

(2)地面蒸发。茶园土壤表面空气层湿度往往处于不饱和状态，尤其是裸露度大，受风和日光的作用，空气湿度不饱和状态更会加剧，从而使土壤表层的水分以气体的形式进入空气中。

(3)地下水移动。地下水移动是指土壤饱和水在重力作用下在土壤中通过孔隙，由上层移向下层，然后再沿不透水底层之上由高处向低处潜移。它属于渗透性流失，远不及地面径流运动的速度大。但在上层土层较疏松时，这种形式的流失是不可忽视的。在新建梯式茶园，这种水往往给梯壁施以压力，有时强大到足以胀垮梯级。不同土壤由于孔隙大小不同，渗漏系数不一样，地下水移动损失的速率也不一样。黏土中的地下水移动速率最小，沙土最大，壤土居中。适度的渗漏作用有利于降水和灌溉水下渗，从而使得水分和养分在整个活土层内分布均匀，以供各层根系的吸收利用。但过强的渗漏作用，除加大水分损失外，还会带走许多溶解于土壤水中的养分。坡地茶园，尤其是下层含砂石较多的茶园土壤，这种渗漏损失是相当严重的。

(4)蒸腾作用。茶树和种植在茶园的间作物及各种杂草会通过其蒸腾作用从土壤中带走相当数量的水分，当地面完全为植被覆盖时，地面直接蒸发的水量很少，而主要让位于植物的蒸腾。在水分供应充足时，这种蒸腾最大可达自由水面蒸发的85%。但是，不同的天气耗水量亦不同。

(二)保水措施

茶园保水工作可归纳为两大类：一是扩大茶园土壤蓄纳雨水能力；二是尽可能降低土壤水分的散失。

1. 扩大土壤蓄水能力

(1)土类选择。不同土壤具有不同的保蓄水能力，或者说有效水含量不一样。黏土和壤土的有效水范围大，砂土最小。建园应选择适宜的土类，并注意有效土层的厚度和坡度等，方能为今后的茶园保水工作提供良好的前提。

(2)深耕改土。凡能加深有效土层厚度和改良土壤质地的措施(如深耕、加客土、增施有机肥等)，均能显著提高茶园的保蓄水能力。

(3)健全保蓄水设施。坡地茶园上方和园内加设截水横沟，并做成竹节沟形式，能有效地拦截地面径流，使雨水蓄积于沟内，再徐徐渗入土壤中，这也是有效的茶园蓄水方式。新建茶园采取水平梯田式能显著提高茶园蓄水能力。另外，山坡坡段较长时适当加设蓄水池，对扩大茶园蓄水能力也有一定作用。

2. 控制土壤水分的散失

减少茶园土壤水分散失的办法很多，如地面覆盖、合理布置种植行、合理间作、耕锄保水、造林保水等。

(1)地面覆盖。地面覆盖最常用的方法是铺草。茶园铺草可以稳定土壤热变化，减少地表水分蒸发量，保蓄土壤水分，提高土壤湿度，调节土壤温度，防止或减轻茶树的旱热害；同时可以减缓地表径流速度，防止或减轻土壤被冲刷，并促使雨

水向土壤深层渗透，增加土壤蓄水量，提高土壤含水量。

茶园铺草最好把茶行间所有空隙都铺上草，并以铺草后不见土为原则，要求铺草厚度为8～10厘米。草料以不带草籽，不带病菌、虫害的稻草、绿肥、豆秸、山草、麦秆、蔗渣等为好。铺草最好能一年进行两次，第一次宜在春茶采摘结束、浅耕除草之后，旱季未来临之前的5月下旬至6月上旬进行；第二次宜在夏茶采摘结束、浅耕除草施肥后的7～8月进行，每亩每次用草量为1500～2000千克。铺草后为防止草料被风吹去和被雨水冲走，宜用土块适当盖压。

(2)合理布置种植行。茶树种植的形式和密度对茶园内承受降雨的流失有较大的关系。一般是丛式大于条列式，单条植大于双条或多条植，稀植大于密植；顺坡种植条行大于横坡种植的茶行。尤其是幼龄茶园和行距过宽、地面裸露度大的成龄茶园，水分流失严重。

(3)合理间作。虽然茶园间作物本身要消耗一部分土壤水，但相对于裸露地面，仍可不同程度地减少水土流失，坡度越大作用越显著。

(4)耕锄保水。及时耕锄除草后切断了毛细管道，阻止了毛细管水的上行，使土壤的热容量和热导率减小，土壤蒸发量减少，不但可以有效地减少土壤水分的直接蒸发散失，提高了土壤的保土、保水、保肥能力，而且还可以减少杂草对土壤水分的消耗与减少病虫害的发生。同时耕锄，还可以疏松土壤，增大土壤空隙，增强土壤通透性，促使土壤中空气的流通，增加空气含量，提高土壤透水性和蓄水能力，使土壤的持水率和接纳雨水的能力提高，加速土壤熟化，提高养分的有效性。耕锄除草一年至少进行4～5次。耕锄宜在雨后土壤湿润、表土宜耕的情况下进行，不宜在干旱严重、土壤含水量低的情况下进行，否则会因耕锄伤根而影响吸水，加重植株缺水现象，特别是幼龄茶园的耕锄更应注意。耕锄时应尽量减少伤害茶树根系，耕锄深度宜为8～12厘米，并在离开植株30厘米处进行。植株周围杂草宜用手拔除或小锄铲除，以免碰伤茶树。耕锄时，宜把杂草连根铲除，用锄头将杂草根部泥土打碎，被太阳晒死后围在茶头周围。

(5)造林保水。在茶园附近，尤其是坡地茶园的上方适当营造行道树、水土保持林，或园内栽遮阴树，不仅能涵养水源，而且能有效增加空气湿度，降低风速和减少日光直射时间，从而减弱地面蒸发。

(6)合理运用其他管理措施。适当修剪一部分枝叶以减少茶树蒸腾，通过定型和整形修剪迅速扩大茶树本身对地面的覆盖度，不仅能减少杂草和地面蒸发耗水，而且能有效地阻止地面径流。另外，施用农家有机肥能有效改善茶园土壤结构，从而提高土壤的保蓄水能力。

(7)抗蒸腾剂。国内外已有在茶树上施用化学物质以减少蒸腾失水的尝试。抗蒸腾剂以其作用方式分为薄膜型和气孔型两类。前者是在叶片上形成一层薄膜状覆盖物，以阻止水蒸气透过；后者是通过控制保卫细胞紧张度及细胞膜的渗透性或生化反应，使气孔孔隙变小。抗蒸腾剂当前仍处于试验或试用阶段，有的尚有降低植株生长和产量的副作用。作为茶园保水措施之一，抗蒸腾剂的应用尚待进一步探讨。

三、茶园灌溉技术

茶树生长需要的水分在自然条件下主要靠降水供给。但在年降水量较少、月降水分布不均匀的地区，当茶园土壤水分不足又继续干旱的情况下，必须及时灌溉予以补水，以满足茶树对水分的需要。

茶树一般在旺盛生长期和采摘季节需水较多，在幼龄阶段，植株根系浅，耐旱力弱，需水迫切。如果遇到高温干旱的气候条件，则耗水量更大，更应及时灌溉补水。只有准确地掌

握茶园的灌溉技术，才能及时、适量地满足茶树各发育阶段对水分的要求，达到经济用水、提高茶园单产的目的。一般地说，旱季茶园产量的高低虽与灌水次数和灌溉总量有关，但更重要的还要看是否适时适量。因此在灌水之前，必须掌握灌溉指标和灌水定额。

(一)灌溉水的质量要求

茶园灌溉水要求含盐量(如钙盐等)少，呈微酸性，无泥沙，水温适宜，如引用河川、溪流水则必须尽量控制泥沙含量。在前端设置沉沙池，可避免大量泥沙随水入渠或吸入水泵，损坏机具。利用地下水灌溉，要注意水的含盐量、酸碱度和水温。利用生活用水和工业用水，应先经过鉴定与小面积试用后，再大面积使用，以防止腐蚀机具设备，危害茶树，污染环境和危害人体健康。所以，在灌溉前应做好水质的检验工作，指标要求见表 4-5。

表 4-5　无公害茶园灌溉水质要求的指标

项目	浓度限制
pH	5.5～7.5
总汞/($mg \cdot L^{-1}$)	≤0.001
总铬/($mg \cdot L^{-1}$)	≤0.005
总砷/($mg \cdot L^{-1}$)	≤0.1
总铅/($mg \cdot L^{-1}$)	≤0.1
铬(六价)/($mg \cdot L^{-1}$)	≤0.1
氰化物/($mg \cdot L^{-1}$)	≤0.5
氯化物/($mg \cdot L^{-1}$)	≤250
氟化物/($mg \cdot L^{-1}$)	≤2.0
石油类/($mg \cdot L^{-1}$)	≤10

（二）灌溉的适宜时期

茶园灌溉的适宜时期，应由茶树各生育阶段和生长时期的生理状况（包括细胞液浓度、细胞吸水力、气孔开张度等）、土壤湿度以及气象要素等情况进行综合分析来决定。

（1）茶园灌溉的生理指标。茶树水分生理指标能在不同的土壤、气候等生态环境下直接反映出体内水分的实际水平，例如细胞液浓度、新梢叶水势（可用兆帕或斯卡表示）、气孔开张度等，它们对外界水分供应很敏感，与土壤含水量和空气温湿度之间具有较高的相关性。如果 9：00 时前测定，细胞液浓度低于 8%～9%，叶片水势高于 -5×10^5 帕，表明茶树体内水分供应较正常；若细胞液浓度达到 10%左右，叶片水势低于 -1.0×10^6 帕，表明茶树体水分亏缺，新梢生育将会受阻，这时茶园需要灌溉，及时给土壤补充水分。

（2）茶园灌溉的土壤湿度指标。土壤含水量多少是决定茶园是否需要灌水的主要依据之一。由于茶园土壤质地的差异，其土壤的持水性和有效水分含量变化较大，因此，为使不同质地土壤的湿度值具有可比性，一般土壤的湿度指标值应采用两种方法表示。一是采用土壤绝对含水量占田间持水量的相对百分率表示，例如当茶园土壤含水量为田间持水量的 90%左右时，茶树生长旺盛；降至 60%～70%时，茶树新梢生长受阻；低于 60%时，新梢即要受到不同程度的危害，因此，以茶园根系层土壤相对含水量达到 70%时，作为开灌指标。二是采用土壤湿度的能量值，即土壤水势来表示，它可以直接反映土壤的供水能力大小，比用土壤含水量表示更加适当。当土壤水势（与土壤吸力绝对值相等，符号相反）在 -1×10^4～-8×10^4 帕时，茶树生长较适宜。茶园土壤水势可用土壤张力计直接测知。当土壤水势值达到 -1×10^5 帕以上时，表示土壤已开始缺水，茶树生长易遭旱热危害，应进行茶园灌水。

（3）茶园灌溉的气象要素指标。主要气象要素（如气温、降

水量、蒸发量等)的变化与茶园水分的消长密切相关。在生产实践中，应密切注视天气的变化与当地常年的气候特点，尤其是在高温季节，参照茶树物候学观察进行综合分析。近年研究认为，当日平均气温接近 30 ℃，最高气温达 35 ℃以上，日平均水面蒸发量达到 9 毫米左右且持续一星期以上，这时土层浅的红壤丘陵茶园，就有旱情迹象，需要安排灌溉。

(三)灌溉水量的确定

干旱季节茶园究竟需要灌溉多少水，主要由茶园的类型(即茶树生育阶段的需水特性与土壤质地)来定。适宜的灌水定额，既要求灌溉水及时向土壤入渗，又要能达到计划层湿润深度，满足茶树的需水要求。因此，在确定茶园灌水定额时，要先确定灌溉前的土壤计划层的储水量，使灌溉前后的储水总量达到计划层土壤田间持水量的范围。一般确定茶园适宜的灌水量与灌水周期的方法有三种：一是由茶园各阶段的日平均耗水量来确定；二是采用土壤张力计(又称负压计、土壤湿度计)法定位检测土壤水势的变化，来指示茶园灌溉；三是参照茶园的各个参数，采用计算法求得茶园灌水量和灌水周期。

由于灌溉方法不同，水分损耗差异较大，例如地面流灌要比喷灌的用水量大，而地下渗灌又比喷灌的用水量省得多。因此，要使茶园土壤计划层内能得到适宜的水分指标，其灌水量还应结合灌溉方法而定。

(四)茶园灌溉方法

衡量茶园灌溉方法的优劣，主要有三个标准：一是看灌溉水的分布均匀程度，以及能否做到经济用水；二是能否做到有利于茶园小生态的改善；三是能否达到提高茶叶产量、品质与经济效益的目的。近年来，在茶区正在推广的喷灌、渗灌、滴灌等灌溉方法，在生产实践中已取得了显著的经济效果。

1. 茶园地面流灌

地面流灌是用抽水泵或其他方式，把水通过沟渠引入茶园的灌溉方式，包括沟灌和漫灌。这是我国茶区传统的灌溉方法。

2. 茶园喷灌

喷灌是一种较先进的茶园灌溉方法。茶园喷灌系统主要由水源、输水渠系、水泵、动力、压力输水管道及喷头等部分组成，并按组合方式分为移动式、固定式和半固定式三种类型。

茶园喷灌与地面灌水方法相比，可使灌水量分布均匀，且省水 50%以上，水的利用率达 80%。其次，喷灌可改善茶园小气候，促进茶树生育，提高经济效益。同时，喷灌机械化程度高，适应地形能力强，因此，可成倍地提高工效。此外，喷灌系统还可提高土地利用率 10%左右，如果配合喷施根外追肥、化学农药与除草剂等可发挥其综合利用效益。

茶园喷灌虽然优点较多，但要发挥它的优势，必须精心规划，因地制宜地做好技术设计，在选用与确定各种类型的喷灌系统时，既要根据当地的水力资源和动力设备条件，又要考虑经济效果。

3. 茶园渗灌

渗灌又称地下灌溉，是将灌溉水由输水渠送入地下管道（暗道），通过管道的透水孔，使水借土壤的毛细管作用向根系活动层上、下、左、右浸润，供茶树吸收利用的一种灌水方法。由于渗灌可与施用液肥相结合，因此，又可称为管道施肥灌溉系统。

4. 茶园滴灌

所谓滴灌，顾名思义即滴水灌溉。它将灌溉水（或液肥）在低压力作用下通过管道系统，送达滴头，由滴头形成水滴，定时定量地向茶树根际供应水分和养分，使根系土层经常保持适

宜的土壤湿度，能提高茶树对水分与肥料的利用率，从而达到省水增产的目的。

四、茶园排水技术

茶树生长，既喜温、喜湿，但又怕涝、怕渍。而在我国产茶区，在雨季如不能及时排除雨水，不仅会冲垮茶园，流失肥土，在地势低洼处还极易渍水，时间稍长往往造成茶树湿害，给茶叶生产带来较大危害。

(一)茶树湿害

适宜茶树根系生长的土壤，除要求含有充足的水分、养分，还要有足够的空气。如果土壤湿度增大，空气就会减少。一旦渍水，会使茶树根系呼吸困难，水分、养分的吸收代谢受阻。由于空气少、缺氧，土壤下层呈嫌气状态，尤其是红黄壤种茶地区，土壤中常形成低价铁、猛及其他还原性物质，再加上活跃的腐败性嫌气细菌，从而使茶树根系遭受不同程度的湿害。

(二)茶园排水措施

茶园排水系统在新茶园规划开辟时就应考虑落实。新茶园的水利系统主要包括保水、灌水、排水三方面内容，由渠道、主沟、支沟、隔离沟和山塘、水库、管道与机埠组成，相互配套，紧密联系。例如，山区茶园附近的山塘、水库与环山渠道，在雨季可蓄水防洪，旱季又能引水灌溉，做到蓄、排、灌兼顾，使沟、渠、塘、库及机埠等设施有机地连成一体，形成茶园沟沟相通，配套成龙，尽量减少与避免茶园水、土、肥的流失和低处渍水现象。

茶园排水是防除湿害的主要措施，但茶园湿害的类型与成因较复杂，茶树受害的程度也不尽一致，因此，在防治与改造湿害茶园时，除了做好深入调查，找出成因，在采取各种排水工程设施的同时，还应针对实际情况，因地制宜地积极配合其他农业综合技术措施，如改土、改树及病虫防治等，方能见效。对建园基础差、湿害严重的茶园，应结合换种改植，平整土地，重新规划，建立新茶园。如不宜种茶的，可改种其他湿生作物。

第四节　茶园覆盖

茶园覆盖是一项保水、保肥、保土的良好措施，并且有冬暖(地温提高)夏凉和抑制杂草滋生的作用。地面覆盖分为生物覆盖及人工覆盖两种。

一、生物覆盖

生物覆盖是利用生草(物)栽培，即不再进行中耕除草，对生草在其生长期间刈割数次，刈割的草铺盖行间和根部，或制作堆肥、厩肥或作饲料。生草栽培要协调其与茶树争水争养分的矛盾，还要注意生草是病虫害滋生的"宿主"，应加以防治。生草栽培更适宜于新开辟的茶园，应有计划地选择2～3种草搭配种植。草种的适应性要强，要求多年生、吸肥力弱、不太高大但生产草量多。种草后若非种植的杂草过多，仍需拔除。生草栽培要适时刈割，待种植几年后草势衰弱需更新。

二、人工覆盖

(一)铺草覆盖

茶园行间铺草是我国的一项传统栽培措施，可以防止土壤冲刷，减少杂草生长，保蓄水分，稳定土壤温度，增加有机质和养分，对提高茶叶产量、品质有明显的效果。

1. 茶园铺草的作用

(1)保水抗旱。茶园行间覆盖可以减少雨水淋洗和人为踩

踏对土壤结构的影响，能在较长时间保持土壤的疏松状态，降雨时能使较多的雨水渗透到土层中。在旱季，地面覆盖又能减少土壤水分蒸发，提高土壤含水率，特别是茶蓬较大的茶园，所形成的茶蓬与覆盖物的双覆盖更能减少水分的蒸发，起到抗旱的作用。

(2)防止土壤被雨水冲刷。茶园多建立在山坡上，旧式茶园多数是丛式栽种不开梯地，新式茶园缓坡沿等高线种植。幼龄期茶蓬盖度较小，降雨时，都有一定的水土流失，造成茶树生长不良。茶树覆盖可避免雨水直接淋洗土壤表面，减少径流，防止水土流失。

(3)抑制杂草生长。在覆盖较厚的情况下，杂草因为没有阳光，不能进行光合作用，便会逐渐黄化死亡，有的杂草种子或地下茎萌芽后也不能继续生长，因此，茶园覆盖是防止杂草生长很好的一种方法。

(4)增加土壤有机质，提高土壤肥力。覆盖物腐烂后不仅增加了土壤的营养元素，而且还增加了土壤的有机质含量。土壤有机质的含量是衡量茶园土壤肥力的重要标准之一。茶园有机质含量的增加，可熟化土壤、提高微生物的活动能力，对改良红壤茶园的物理、化学性质，使之形成符合茶树良好生长所需的土壤方面具有重要作用。茶园经过连续几年的覆盖，便可提高土壤肥力，茶园物理、化学性质也将得到进一步改善。

(5)调节地温，防止冻害。茶园铺草覆盖可使土壤不受烈日曝晒，气温高时可降低土温，气温低时又能减少土壤热量的散失，保持土温。在寒冷地区，铺草在冬季可以防止茶树根系遭受冻害。

2. 茶园铺草技术

(1)铺草时期。铺草时期的确定，应根据所要达到的目的而定。以防止水土流失为主要目的，要在当地常年雨季来临之前铺草覆盖；以保蓄土壤水分、保持地温、抗旱保苗为主要目的，就要在雨水即将结束、旱季来临之前的10月中旬至11月初进行；以消灭某些顽固性杂草为主要目的，就要在该杂草萌发后不久进行铺草覆盖。

(2)铺草材料与方法。铺草材料很广泛，一般就地解决或割取附近的山草和杂草，注意杂草必须未结籽或结籽未成熟。芒萁、稻草、麦秆、豆秸、油菜秆、绿肥的茎秆、甘蔗渣、豆壳等均是较好的铺草材料，落叶、树皮、锯木屑也可利用。

茶园覆盖效果与数量、覆盖方法和厚度有直接关系。一般在茶园行间铺草，每亩需要1500千克以上，铺草质量因材料的不同而有差异。铺草厚度才是决定效果的重要因素，一般铺草厚度在10厘米左右，如果太薄便会影响铺草效果。

(二)地膜覆盖

地膜覆盖十分广泛，主要是针对山区缺少灌溉条件，为了提高茶苗种植成活率而采取的一项抗旱保苗措施。地膜覆盖的主要作用是稳定土壤热量，减少冬春干旱季节的土壤水分蒸发，具有抗旱保墒作用。

1. 地膜覆盖

(1)地膜的选择。茶园覆盖的地膜一般为白色聚乙烯薄膜，厚度约为0.015毫米，薄膜宽度根据茶园梯面宽度选择相应的规格，一般为60～80厘米。

(2)覆膜时期。铺膜时期一般选择在雨季刚结束、土壤含水量较高的10月进行。由于覆膜后不能进行除草施肥等工作，因此，在覆盖地膜前要进行中耕除草，施足肥料。

(3)覆膜方法。单条栽茶树，可将薄膜裁成两半，从茶行两侧对向铺膜，使茶苗地上部露出薄膜，对接处用土压实；多条植茶树，一般采取从茶行的一端铺向另一端，需要在薄膜覆盖到茶苗的位置上戳开无数小口，让茶苗从薄膜中钻出来，地膜铺好后两侧用土压实，在膜上再盖一层土，防止地膜破损。

要细心操作，避免损伤茶苗。

2. 遮阳网覆盖

矮棚遮阳网覆盖是近年来推广的一项新技术。矮棚遮阳网覆盖的主要作用是降低太阳光对茶苗和地面的辐射强度，减少土壤水分的蒸发散失和茶苗叶片的蒸腾失水，提高茶苗的成活率。茶叶研究所试验表明，覆盖遮阳网的茶苗成活率达到99.42％，比不覆盖的成活率提高8.62％；遮阳网覆盖的茶苗生长势比不覆盖的强，茶苗平均株高比不覆盖的高17.79％，主茎粗比不覆盖的高20％；覆盖的茶苗叶片叶色深绿、油润，叶质较柔软，叶片较大，而不覆盖的茶苗叶片叶色黄绿、干枯，叶质较硬，叶片较小。

(1)遮阳网的选择。采用透光率为70％～75％，宽度为1米的黑色遮阳网为宜。

(2)覆盖时期。一般在雨季即将结束的时期覆盖较为适宜。

(3)覆盖方法。在茶行中用1.2～1.4米长的竹条间隔1米搭成弓形，铺上遮阳网后用细铁丝固定。搭成的弓棚顶高60厘米，底宽60厘米。

第五节　茶园秋冬管理

茶园秋冬管理的好坏直接关系到下一年茶叶产量和品质的高低。以下是茶园秋冬管理应抓好的几个环节。

一、深翻土壤

茶园经过一季的采摘后，行间土壤板结，通透性差，不利于茶树根系生长。因此，应在10月中下旬进行深翻土壤，改善土壤理化性状，增加土壤蓄水量，提高抗旱能力，以利于茶树根系的生长发育。

二、增施肥料

茶树在秋末冬初增施一次肥料，弥补茶叶采摘后茶树所消耗的养分，对提高翌年茶叶的产量和品质都有显著的作用。一般在10月前增施为宜，封园肥料应以农家肥为主，配施化肥或复合肥。

三、修整树冠

经过多年采摘的茶树，树冠生长枝结构一般较为细弱，“鸡爪枝”多，消耗茶树养分多。

因此，应根据茶树长势进行冬季修剪和整修。一般在12月中旬前，对长势好、生长旺盛的茶树，只能剪去茶面8～10厘米，并将“鸡爪枝”全部剪除，以促使翌年发芽整齐；对树势已经衰弱、生产能力下降的老茶园，应采取重修剪，剪掉树冠高度的1/2，促进树冠全面更新，恢复生产能力。

四、及时封园

在11月下旬前，用石硫合剂及时进行封园，能有效地减少茶园内越冬病虫基数，减轻病虫害，有利于提高下一年茶叶的产量和品质。

第六节　绿肥种植

一、茶园绿肥种植的意义

利用幼龄茶园行间、梯壁或在园边空地种植绿肥，是实现以短养长、长短结合、增加收入和解决茶园有机肥自给的有效途径之一，也是改良土壤，建设高产、优质和高效茶园的一项重要措施。

绿肥富含有机质和茶树生长所需的氮、磷、钾元素，是改良土壤的好肥料，它在茶叶生产上的作用如下：

（一）固定空气中氮素养料，供应茶树吸收利用

栽种的绿肥作物大部分是豆科植物，它的特点是根部有根瘤菌，根瘤菌能够把空气中的游离氮素固定。根据科学实验结果，每亩豆科作物和根瘤共生而积累的氮素，以亩产绿肥鲜草1250千克计算，相当于施用25千克硫酸铵。豆科植物能把吸收的养料变成植物体内的蛋白质，等到绿肥翻入土中，蛋白质又分解为氮素养料，供作物吸收利用。据分析，500千克白花灰叶豆（山毛豆）鲜茎叶含氮5千克，1亩可产鲜茎叶1000～1500千克，有10～15千克左右的氮素养分。

（二）吸收土壤深层的矿物营养及较难溶解的磷化合物

豆科植物的根系入土较深，能把土壤深层茶树不易吸收的养分（如磷、钾等元素）吸收集中起来，并且对土壤中难溶的磷酸化合物吸收力较强，并使难溶的磷酸化合物变为绿肥本身的有机磷，待绿肥翻埋土壤中腐烂后，磷就容易被茶树吸收利用。

（三）可以利用绿肥改良土壤，减少水土流失

一般绿肥除含有0.3%～0.5%氮、0.3%磷（五氧化二磷）、0.3%钾（氧化钾）外，还含有10%～20%的有机质。因此，不但能使茶园增加养分，而且还能改善土壤结构，把板结的土壤改造成具有稳固性团粒结构的疏松土壤。坡地茶园种植多年生绿肥，还可以减少水土流失，提高土壤保水蓄水能力。

（四）新茶园间种多年生绿肥，避免冻害和旱害的发生

绿肥对幼苗可以起到遮阴、防霜、防旱，抑制杂草生长，避免茶苗受冻害和旱害的作用。

（五）可以节省劳力，消灭杂草

绿肥可以直接翻埋作肥料，能节省大量山区积制肥料和运肥料的人力、物力。如果把绿肥作为茶园覆盖，又可抑制杂草生长，节省除草用工。因此，发展绿肥，增加肥料来源，提高土壤肥力，是茶园管理上的一项重要措施。

二、茶园绿肥的种类及其应用

茶园绿肥的种类很多，按种植季节可分为夏季绿肥、冬季绿肥。夏季绿肥主要有大叶猪屎豆、决明豆、羽扁豆、山毛豆、田箐、饭豆、黄豆、绿豆、花生等；冬季绿肥主要有紫云英、光叶紫花、肥田萝卜、蚕豆、豌豆等。按生长期长短，绿肥可分为一年生绿肥和多年生绿肥。一年生绿肥主要有柽麻、竹豆、豇豆、苕子等；多年生绿肥主要有山毛豆、木豆、银合欢等。按植物学科，绿肥又可分为豆科绿肥和非豆科绿肥等。豆科绿肥主要有紫云英、苕子、豌豆、豇豆等；非豆科绿肥主要有油菜、茹菜、金光菊等。

种植绿肥必须结合各地实际，因地制宜。茶园梯壁主要选择矮秆或匍匐型绿肥，如爬地木兰、无刺含羞草、日本草、野花生等；园边、坎边主要选择高秆型绿肥，如金光菊、大叶猪屎豆等。

三、种植绿肥应注意的问题

为使绿肥生长得好，获得高产，根据各地种植绿肥的经验需要注意以下问题：

（一）选种

选择适合当地气候、土壤及有利于茶园管理和茶树生长，且耐酸、耐旱、耐贫瘠、高产、病虫害少的绿肥品种种植。

（二）适时播种

绿肥播种时间不同，其产量相差很大。播种过迟，绿肥营养生长期短，产量低。因此，适时播种是保证绿肥生长良好的

条件之一。

（三）合理密植，保证全苗

要使苗棵和枝叶有足够的密度，必须适当增加播种量，同时要做好保苗期管理工作，如除草、防旱及防治病虫害等，以保证全苗。

（四）以磷换氮，以小肥换大肥

豆科绿肥所需的氮素营养并不完全都是由根瘤菌固定的，其中约有 1/3 左右的氮素来自土壤，尤其在幼苗期还未长起根瘤之前，磷、钾就完全需从土壤中吸收，因此，在苗期必需施少量的磷钾肥。

（五）接种根瘤菌，固氮促长

在通常条件下，土壤中的共生根瘤菌数量很少，豆科绿肥作物的固氮作用不能充分发挥，绿肥的产量也不高。豆科绿肥作物利用空气中游离氮，通过根瘤菌的固氮作用来增加土壤中的氮素，故必须接种根瘤菌，才能保证根瘤增多而发达，提高固氮能力。据资料介绍，苜蓿接种根瘤菌，鲜草产量比不接种的增产效果显著。接种的方法就是收集种植过该豆科作物的根部土壤来拌种，然后播种。

（六）及时刈割，及时压青

茶园夏季绿肥生长旺盛的季节，也是茶树生长旺盛的季节，两者间存在着争肥水、争光照的矛盾，除了用冬季间作方式来缓和外，还可以通过对绿肥及时刈割的办法加以解决。刈割的绿肥直接铺在茶行，既可解决与茶树争肥、争水的矛盾，又能增加土壤养分。

四、茶园绿肥间作的方法

（一）播种时期

一般情况下，夏季绿肥在 4～6 月播种，冬季绿肥在

8～10 月播种。不同的绿肥品种播种时期略有差异，夏季绿肥在水热条件许可的情况下要力争早播。

（二）种植密度

茶园行间间作绿肥一般仅适用于 1～3 龄的幼龄茶园或树冠覆盖度小的成龄茶园。间作方式可根据树冠对梯面的覆盖度来确定，一般是在茶树的行间种植 1～2 行绿肥。另外，在茶行梯壁还可间作匍匐型绿肥，园边空地也可间作绿肥。

第七节 低产茶园改造技术

改造低产茶园是一项比较复杂的工作，根据各地的实践经验，适合当前的技术措施主要是“改树”、“改土”和“改园”三项。这三项虽各有其独立的意义，但在一定程度上仍然是互相促进和互相制约的。

一、树体改造

树体改造包括树冠更新和根系更新两部分。

(1)树冠更新。树冠更新的主要措施是修剪。在树冠管理中，修剪通常分为轻修剪、重修剪和台刈三种类型。依据茶树不同的衰老程度，可采取不同的修剪措施。轻修剪主要用于抑制茶树枝干顶端生长势和更新树冠上局部出现的细弱分枝。低产茶园中，还有一些半衰老和未老先衰的茶树，树龄并不大，但由于重采轻培，导致茶树矮小，产量低下，需采用重修剪改造。已严重衰老的茶树枝干皮层灰白，分枝稀少，并出现回枯和枝干布满地衣苔藓现象，即使增施肥料，也无济于事，需进行台刈。

(2)根系更新。研究材料证明，茶树地上部和地下部的生长关系既是相互促进的，又是相互制约的。当地上部分向上或向周围增长时，地下部分也向下伸长并向四周扩展。吸收根系

愈发达，茶叶产量也会随之提高。但到一定树龄之后，树冠衰老，产量下降，这是与根系的萎缩、粗根比重显著增加、有效根系大量死亡和吸收功能衰退紧密相关的。同时，与茶园土壤理化性状恶化、表土冲刷、盐基流失、肥力下降也有直接的关系。

深耕不仅是一种改土措施，而且在深耕过程中，不可避免地要断伤部分根系，这有激发新根生长的作用。根据安徽祁门茶叶研究所的试验资料，深耕两年后，未经深耕处理的其活动根系较深耕处理的接近土表 3～5 厘米。同时，深耕的又较未深耕的深入土层 5～10 厘米。深耕结合施肥，活动根系更多。茶树的枝干和根系构成植株的整体，试验资料证明，在根系更新后再行枝干更新，比仅更新枝干的产量提高三成以上。

根系更新的时间一般可安排在枝干更新前，长江中下游地区也有在枝干更新当年的秋末(茶树处于休眠期)进行的。深耕的位置距根颈 20 厘米以外，深度为 40～50 厘米，结合施用有机肥和磷肥效果则更好。

二、园土改良

土壤是茶树生育吸取水分和矿物营养的源泉。茶树的根系可深入土层 1 米以下，支根和吸收根布满整个行间。然而最活跃和最有效的吸收根系都分布在 10～40 厘米土层之内，这种自然伸长状况只有在良好的土壤条件下才能实现。

低产茶园因种种原因，其土壤通常表现为土层浅薄，肥力低下，土性不良，即使增施肥料，也得不到理想效果。因此，在改树的同时改善土壤理化性状，就成为低产茶园改造成败的重要条件。

(1)砌坎保土。低产茶园大多处于高山陡坡地带，丛播稀植，经多年雨水冲刷，水土流失严重，茶根裸露，土壤瘠薄，养地和用地处于严重的“入不敷出”状态。安徽黄山茶区结合森林抚育，用树枝或作物秸秆，沿等高线打桩，修成“拦泥坝”，防治水土流失。四川茶区类似的做法称作“摘盖”，就地取材，用石块、泥块或草皮砖筑梯。在筑梯的同时，还应按新茶园的要求，修建排蓄水系统，做到多余的地表水能及时排出园外，以保持梯坎的完整。在有草的地方割草铺园，既保土，又增肥、保温，防治杂草滋生，活化养分，提高肥力，是当今世界各茶叶生产国普遍推行的增产措施。

(2)深耕施肥。种茶前未曾深翻或开垦时深挖不够，或土质特别黏重的茶园，要通过深耕结合施用有机肥，以创造深厚肥沃的耕作层。这项措施在改树前进行效果更为理想，同时兼有更新根系的作用。一般深耕 30 厘米以上，每亩施有机肥 5000 千克，磷肥 25～40 千克。由于深耕必然会损伤根系，因此，选择深耕的时期十分重要。一般在地上部分更新后的9～10 月进行较好，此时尚有足够的地温，能促使断根愈合与新根生长。

(3)加培客土。对土层特别浅薄、石砾多、肥力差、土壤流失严重的低产茶园，必须添加客土，培厚土层。客土以选择森林表土、塘泥、水库泥等有机质丰富的肥土为宜。同时要针对茶园土质状况，采用黏土掺沙、沙土加泥的办法，改善土壤结构。抽槽换土是湖北茶农的经验，对一部分土壤瘠薄的低产茶园，在茶树行间沿树冠垂直挖一条深 40 厘米、宽 50 厘米的沟，取出的土置于沟上熟化，新土填入沟中，实行园土逐步更换。

三、园相改造

在低产茶园改造过程中，园相改造要纳入农业基本建设范畴，通过农、林、牧统一规划和山、水、田、林、路综合治理，才能实现建立最佳的茶树生态环境、提高低产茶园的改造效果。

从茶叶生产的现状来看，在我国茶区的许多地方小生产的痕迹至今依然存在。因此，改变分散地块，退出间作，建立专

业茶园，是改造园相的重要内容。近年来，在浙江等地推行“三个一批”的改造方案，收到较好的效果。其基本内容是着重改造，提高一批专业茶园；积极发展一批高标准新茶园；淘汰一批不宜种茶的平地、陡坡茶园。三者相互联系，又相互促进。发展一批是前提，利用低山、近山、缓坡集中成片、土层深厚的地带，严格掌握技术要求，开辟等高、宽幅、窄幅条式新茶园，为全面改造低产茶园奠定增产基础。他们的做法是以改造为重点，制订全面规划，分批分期，先易后难，分年实施。改造的速度既要积极，又要尽可能不减少当年收益，每年改造 20～30 亩(占应改造茶园的 11%～17%)，同时淘汰部分平地、洼地(积水)和陡坡茶园，退茶还林、种粮，使粮、茶、林各得其所。

衰老茶园和未老先衰的低产茶园，大多种植密度不大，茶园缺株、断行严重，要按合理密植规格补种。株行距宽窄不一的衰老茶园，补种时要考虑原有茶树的种植规格。原行距在 1.5 米以下的，只补株间空隙；原行距在 2.5～3 米的，除株间补种外，中间应增补一行；对部分严重缺株的茶园，应使茶行尽可能改补成条列式。对于稀疏零乱、茶丛矮小、树龄衰老、缺株达 60%以上的“满天星”茶园，以及极度衰老的坡地条栽茶园，可按新茶园茶行规格，重新在行间采用移栽或直播，沿等高线设置茶行。坡度超过 15°的，修筑梯坎。在新茶树未投产之前，老茶树继续采摘茶叶，待新茶树养成后，再将老茶树挖除，人们称这种改造方式为“以新代旧”。

茶树属多年生作物，但其经济栽培年龄并不是无限的。茶树到达一定的年龄以后，虽然还可以通过更新措施加以复壮，但在茶树个体生命活动中，经过若干次更新之后，更新周期愈来愈短，树势恢复也愈来愈弱。因此，更新复壮并不是无止境的。在低产茶园改造过程中，这类情况多数是在百年以上的老茶园中才会发生。对于这类茶园，就应考虑换种改植，将老茶树连根拔除，再把园中土壤经过60厘米以上深翻，或对病区实行土壤消毒(消毒剂常用的有二溴乙烷(EDB)及氯化苦等)，种植1～2年绿肥后改种新选育的茶树优良品种，使其成为彻底更新的全新茶园。

对换种改植的茶园，特别要注重园土的改良，因为茶树在一处生长了数十年，土壤性质发生了很大变化，“老化”现象严重，诸如茶树根系分泌有害物质的积累；土壤微粒因雨水淋溶而下沉，有效土层内不透水层的形成；长期施用生理酸性肥料，盐基流失，酸性太强；土壤营养元素贫乏、失调，特别是茶树需要的微量元素奇缺；园土微生物区系变化，有害病原体增多等。这类茶园在园土改造时，必须十分注意清除残根，实行深翻，并增施有机肥料。中国农业科学院茶叶研究所曾对一块原有基础不好、茶树早衰严重的茶园实行了换种改植。他们在挖除原有老茶树后，清理了残根，土壤深翻80厘米，并选用新育成的龙井43号品种，采用低位定型修剪措施，六年生茶树树高就达84厘米，树幅80～90厘米，覆盖度达82%，每平方米采摘点密度达328个，亩产干茶199千克，较改植前亩产125千克增长59%，10年后亩产315千克，较改植前增长1.5倍以上。至今已逾18个年头，茶叶产量仍然稳定在亩产400千克左右，处于全国较高水平。

第八节　茶树修剪

修剪是茶树栽培综合管理中的一项重要技术措施。它是依据茶树生长发育的内在规律，结合不同生态条件、栽培方式、管理条件和茶品种等，控制和刺激茶树营养生长的一种重要手段。对茶叶高产、稳产、优质，保持树势健壮，延长茶树的经济年龄关系很大，同时也为茶园管理、采摘机械化提供条件。

自然生长的茶树常常是主干明显，侧枝细弱，每年只能长

出二三轮新梢。且树形高低不一，呈纺锤形。芽叶立体分布，无法形成分枝广阔而密集的采摘面，不能适应机采和手采的要求。而且这种茶树，由于根系与枝干间的距离增大，容易产生枝干自疏而呈衰老状态，进而影响产量和品质。因此在生产上常根据茶树各生育阶段，采用各种不同的修剪技术，并与其他栽培措施相配合，发挥修剪在增强茶树营养生长上的效应。

一、茶树的修剪方法

依照茶树的植物学原理，可根据不同类型茶树采用不同的修剪方法。

（一）定型修剪

幼龄茶树定型修剪就是抑制茶树的顶端生长优势，促进侧芽萌发和侧枝生长的修剪措施，达到培养骨干枝、增加分枝级数，形成“壮、宽、密”的树型结构，扩大采摘面，增强树势的目的，为高产、稳产、优质打下良好的基础。

(1)定型修剪在每年的春、夏、秋季均可进行，以春季茶芽萌发之前的早春2～3月为最佳时间。

(2)定型修剪的次数一般幼龄茶树需进行3～4次定型修剪，即定植后3～4年内每年进行1次定型修剪。海拔低、肥水条件好、长势旺的茶园一年可定剪2次。具体修剪技术指标见表4-6和图4-1。

表4-6 幼龄茶苗定型修剪技术指标

修剪次数	茶苗高度/cm	修剪位置/cm
第一次	25～30	15～20
第二次	40～50	30～40
第三次	50～60	45～50

注：每次修剪要求剪口平滑，呈45°角，每次定剪后应立即增施肥料并及时防治病虫害。

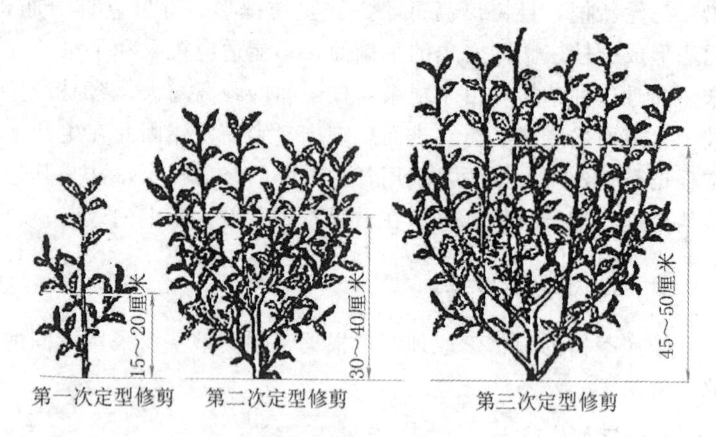

图 4-1　茶树定型修剪

（二）轻修剪和深修剪

青、壮年茶园，经多次采摘，树冠面参差不齐，形成许多鸡爪枝，可根据具体情况，采用轻修剪或深修剪。

(1)轻修剪。一般在每年的 2～3 月进行 1 次轻修剪，一般剪去冠面 3～5 厘米的绿叶层及参差不齐的枝叶，可促进芽梢的萌发，减少对夹叶，提高芽叶质量。

(2)深修剪。当茶树冠面出现许多鸡爪枝、纤细枝、节节枝时，就要进行深修剪，时间为每季茶采摘结束后立即进行。具体方法是剪除鸡爪枝、节节枝、细弱枝，一般修剪深度为 8～12厘米，剪后冠面呈弧形(见图 4-2)。

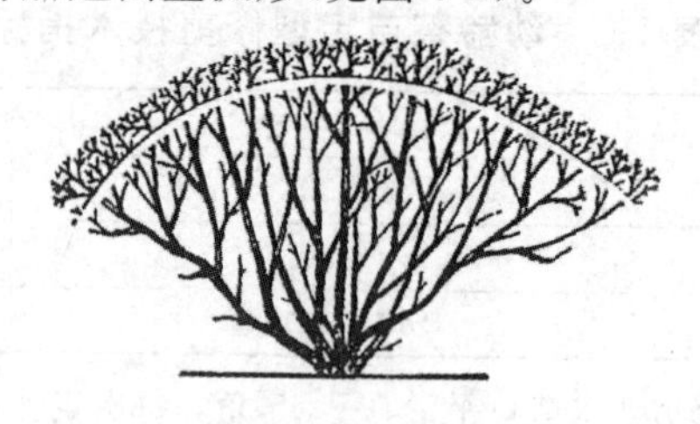

图 4-2　茶树深修剪

(三)重修剪和台刈

(1)重修剪。对于树势衰老、枯枝病虫枝较多、育芽能力弱、对夹叶不断出现、产量逐年下降的半衰老茶树及树势矮小、萌芽力差、产量无法提高的未老先衰茶树，均可采用重修剪，依衰老程度剪去原树高的1/3～1/2，越衰老的茶树剪去的越多。

注意：重剪时用剪刀或整枝剪，将冠修成孤形，并剪去下部病虫枯枝和部分细弱枝，切口应平滑稍斜。

(2)台刈。对树势衰弱，树冠多枯枝、虫枝、细弱枝，芽叶稀小且多是对夹叶，主干枝附生地衣、苔藓，单产极低的老茶园可采取台刈改造。一般在离地面或茶树根颈5～10厘米处用利刀或专门的刈剪斜剪，大的主干可用锯割。剪(锯)时应防止切口破裂(见图4-3)。

注意：茶树的台刈更新，在大寒前后进行。实行重修剪、台刈的茶树都应在深翻施足基肥后进行。

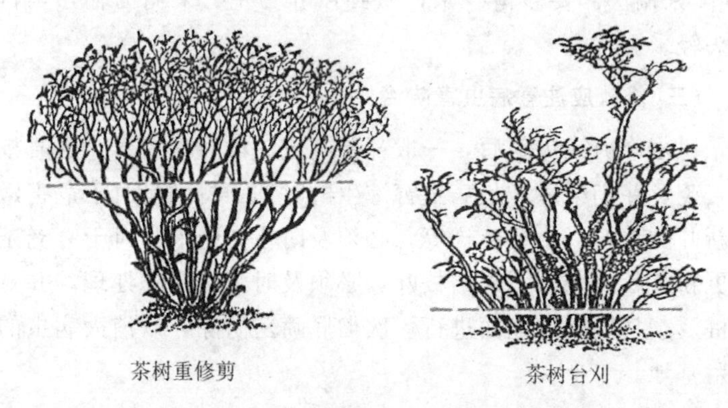

茶树重修剪　　茶树台刈

图4-3　茶树重修剪与台刈

二、茶树修剪与农技措施的配合

(一)修剪应与肥水管理密切配合

修剪虽然是保证茶叶丰产的一项重要措施，但不是唯一的措施，它必须在提高肥、水管理及土壤管理基础上，才能充分发挥修剪的增产作用。众所周知，修剪对茶树生长也是一次创伤，每经一次修剪，被剪枝条会耗损很多养分，剪后又要大量抽发新梢，这在很大程度上有赖于根部储存的营养物质。为了使根系不断供应地上部的再生长，并保证根系自身生长，就需要足够的肥、水供应，因此加强土壤管理就显得格外重要。剪前要深施较多的有机肥料和磷肥，剪后待新梢萌发时，及时追施催芽肥，只有这样，才能促使新梢健壮，尽快转入旺盛生长状态，充分发挥修剪的应有效果。

（二）修剪应与采留相结合

幼龄茶树树冠养成过程中骨干枝和骨架层的培养主要靠3次定型修剪。广阔的采摘面和茂密的生产枝则来自合理的采摘和轻修剪技术。定型修剪茶树，在采摘技术上要采用“分批留叶”采摘法。要多留少采，做到以养为主、采摘为辅，实行打头轻采。

（三）修剪应注意病虫害防治

树冠修剪或更新后，一般都要经过一段时期留养，这时枝叶繁茂、芽梢柔嫩，是病虫害滋生的时期，特别是对于危害嫩梢新叶的茶蚜、小绿叶蝉等，必须及时检查防治。对于衰老茶树更新复壮时刈割下来的枝叶，必须及时清出园外处理，并对树桩及茶丛周围的地面进行一次彻底喷药防除，以消灭病虫的繁殖基地。

第九节　茶叶采摘

茶叶采摘既是茶叶生产的收获过程，也是增产提质的重要树冠管理措施。茶叶采摘好坏，不仅关系到茶叶质量、产量和经济效益，而且还关系到茶树的生长发育和经济寿命的长短，

所以，在茶叶生产过程中，茶叶采摘具有特别重要的意义。

在一年内随季节的推移，茶树新梢生长呈现枝上生枝的现象，体现了茶树生育的“轮性”特征。我国大部分茶区，自然生长茶树的新梢生长和休止，一年内有3次，即越冬萌发→第一次生长休止→第二次生长→休止→第三次生长→冬眠。而通过茶叶采摘可以影响茶树新梢生长的规律，增加新梢萌发轮次，使得我国大多数茶区全年可以萌发新梢4～5轮，在南方温暖湿润最适宜茶区的茶树全年萌发新梢6～7轮。在茶叶生产中通过增加采摘轮次，缩短轮次间隔时间，以增加全年茶芽的萌发轮次，是获得高产的重要环节。

茶叶的采摘有手采(包括工具采)和机采。手工采摘是传统的茶叶采摘方法。采茶时，要实行提手采，分芽采，切忌一把捋。这种采摘方法的最大优点是采摘标准整齐划一，对茶叶的采留结合容易掌握。缺点是费工，成本高，难以做到及时采摘。目前细嫩名优茶的采摘，由于采摘标准要求高，还不能实行机械采茶，仍用手工采茶。

一、采摘对茶树生长发育影响

1. 采摘的生物化学基础

茶叶采摘要比一般大田作物的收获复杂得多。在茶叶采摘过程中，自始至终存在着两个基本的矛盾，即采茶与养树之间的矛盾，芽叶的数量与质量之间的矛盾。只有在充分认识茶树的生长发育特征的基础上，合理运用采摘技术，才能协调采与养、量与质之间的关系，实现茶叶的优质高产、延长经济年限、提高经济效益的目的。

茶树是一种多年生的常绿叶用作物，采收的芽叶即茶树的新梢，既是制茶的原料，也是茶树重要的营养器官。新梢上成熟的叶子是茶树进行光合作用和呼吸作用的场所。茶树新梢具有顶端生长优势和在年生育周期中多次萌发生长的特征。茶树新梢由顶芽和侧芽萌发生育而成。顶芽和侧芽所处位置和发育迟早的不同，在生育上有着相互制约的关系，顶芽最先萌发，生长亦最快，占有优势地位。但顶芽的旺盛生长，抑制了侧芽的生长，使侧芽萌动时间推迟，生长缓慢，甚至呈潜伏状态。所以在自然生长情况下，新梢每年只能重复生长 2～3 次，分枝少，树冠稀。而人为的采摘，可解除其顶端优势，促进侧芽不断萌发，使生长加快，新梢生长轮次增多以及萌芽密度增加。但茶叶采摘不能过度，否则茶树上叶子太少会对光合作用产生影响，不利于有机物质的形成和积累，从而影响茶树的生长发育。茶树叶子是随着新梢的生长而开展的。叶子的生育速度、展叶多少、成熟时期、叶子寿命等生物学特性，与茶树内部的生理机能和外界的环境条件紧密相关。根据中国农业科学院茶叶研究所在杭州地区测定，新梢生长快的，2～3 天可展一片叶子，生长慢的，则需 5～6 天。叶子从初展到成熟，生长快的只需 13～14 天，生长慢的则需 28～29 天，平均为 16～25天，新梢展叶多少，差异甚大，多的可达 10 片，少的只有 1～2 片，一般能展叶 4～6 片。茶树叶片寿命，以春梢上着生的叶片寿命最长，夏叶其次，秋叶最短，叶子的平均寿命一般不超过一年，约 320 天。老叶脱落常年都有，但多数在生长季节脱落，新叶生长最多时，老叶脱落最多，每年 4～5 月是落叶高峰期，叶子是茶树制造有机物质的“加工厂”，叶子的适度繁茂是衡量树势强弱和预测茶叶产量高低的标志和依据。所以在年生产周期内，必须有适量的新生叶子留养在茶树上。树冠上绿色面积的多少，主要是茶叶采摘留叶的数量和留叶时期所决定的。因此，茶叶采摘便成为一项至关重要的农业技术措施。

茶树叶片组成的生理循环如图 4-4 所示。

2. 合理采摘

合理采摘是指在一定的环境条件下，通过采摘技术，促进茶树的营养生长，控制生殖生长，协调采与养、量与质之间的矛盾，从而达到多采茶、采好茶、提高茶叶经济效益的目的。其主要的技术内容，可概括为标准采、留叶采和适时采。

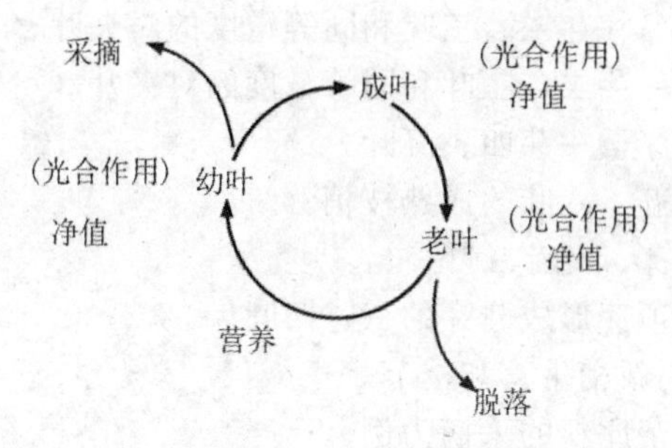

图 4-4 茶树叶片组成的生理循环

标准采：按一定的芽叶数量和嫩度标准采摘。

留叶采：根据茶树不同发育时期，不同发育状况，留一定数量真叶采摘，以培养树势、延长采摘期和高产期，这是合理采摘的中心环节。

适时采：根据采摘标准和留叶，及时、分批、多次采摘。

二、采摘标准

1. 采摘标准的含义

采摘标准是指从一定的新梢上采下芽叶的大小与多少。按采下鲜叶老嫩不同，采摘标准可分为：

细嫩采：这是高档名优茶的采摘标准，指茶芽萌发膨大或1～2 片嫩叶初展时就采摘。如龙井茶的“雀舌”“旗枪”等。这种采摘标准品质最优，但花工多，产量低，而且季节性强。

适中采：这是红、绿茶最普遍的采摘标准。当新梢伸长到一定程度时，采下一芽二、三叶和嫩的对夹叶，产量高，品质好。

成熟采：这是我国特种茶采用的采摘标准。如青茶——采摘顶芽形成驻芽的三、四叶。黑砖茶——新梢成熟，基部已木质化，呈红棕色时才采摘。

2. 采摘标准的确定

(1)不同茶类。

绿茶：名优绿茶——芽、一芽一叶初展或一芽二叶初展。

大宗绿茶——一芽二、三叶和同等嫩度的对夹叶；

红茶：一芽二、三叶和同等嫩度的对夹叶。

黄茶：芽至一芽四、五叶。

黑茶：五、六叶的成熟枝梢。

白茶：芽、一芽二叶。

青茶：顶芽形成驻芽的三、四叶。

(2)不同新梢生育和季节。

以龙井茶原料的采摘为例。

清明前后：特级——芽、一芽一叶初展(芽长于叶)；一、二级——一芽一、二叶(叶长于芽)。

谷雨后：三至五级——一芽二、三叶初展，部分对夹叶。

夏季：五级——芽叶长度 4 厘米以上，部分对夹叶。

秋季：一芽二叶初展或开展。

一般红、绿茶采摘标准如图 4-5 所示。

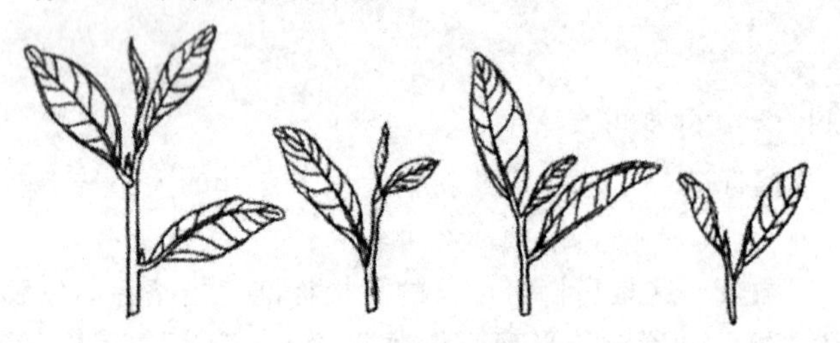

图 4-5　一般红、绿茶采摘标准

(一芽二、三叶和同等嫩度对夹叶)

三、留叶标准

1. 留叶标准的含义

留叶标准是指采去芽叶后留在新梢上叶片的多少。按留叶数量不同，留叶标准可分为：

(1)打顶采。新梢展叶 5～6 片叶子以上，或新梢即将停止生长时，采去一芽二、三叶，留三、四片以上真叶，一般每轮

新梢采摘一两次。这是一种以养树为主的采摘方法。

采摘要领：采高养低，采顶留侧，以促进分枝，培养树冠。

(2)留真叶采。新梢长到一芽三、四叶或一芽四、五叶时，采去一芽二、三叶，留一两片真叶。留真叶采又因留叶多少、留叶时期不同，分为多种采摘方式。这是一种采养结合的采摘方法。

(3)留鱼叶采。采下一芽一、二叶或一芽二、三叶，只留鱼叶。这是一种以采为主的采摘方法。

2. 留叶标准的确定

在生产实践中，根据树龄、树势、气候条件以及加工茶类等具体情况，选用不同的留叶采摘方法，并且组合运用，才能达到既高产、优质，又能维持茶树正常而旺盛的生长。

(1)幼年茶树的采摘留叶标准。留叶原则：以养分主，以采为辅。适用于茶园基础好，肥培管理水平高，幼年茶树生长势良好的茶树。

方法：

二足龄茶树——春、夏茶留养，秋季树冠高度超过60厘米时打顶采。

三足龄茶树——春茶末时打顶采，夏茶留二、三叶采，秋茶留鱼叶采。

四足龄茶树——长势好，荫蔽度大的，可进入投产期。春留二叶采，夏留一叶采，秋留鱼叶采。

(2)成年茶树的采摘留叶标准。采摘原则：以采为主，以养为辅。全年应有一季留真叶采。

方法：

投产初期——春留二叶采，夏留一叶采，秋留鱼叶采。

长江中、下游绿茶区——春、秋留鱼叶采，夏留一叶采。

华南红茶区——第一、二轮茶留一叶采，第三轮茶以后留鱼叶采。

管理水平高，茶树长势好，叶片多的茶园全年留鱼叶采。管理水平一般的茶园春、夏留一叶采，秋留鱼叶采。

(3)更新茶树的采摘留叶标准。采摘原则：以养为主，采养结合。

方法：

重修剪茶树——当年留养春梢的茶树不采，夏茶打顶采，秋茶留鱼叶采；第二年轻修剪后，即可按成年茶树正常采摘。

台刈茶树——当年留养春、夏茶的茶树不采，秋茶末期打顶采。第二年春茶前进行第一次定型修剪，并剪除密集的细枝，预留骨干枝。夏茶末期打顶采，秋茶留鱼叶采。在此期间，进行第二次定型修剪。第三年春茶前轻修剪，正常留叶采。

茶叶采摘标准与留叶方法如图 4-6 所示。

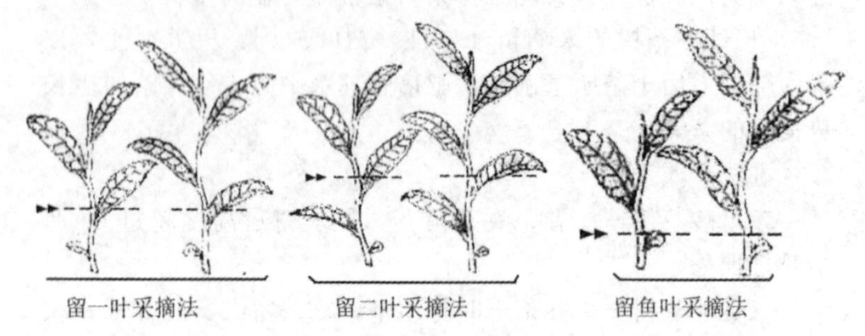

图 4-6　茶叶采摘标准与留叶方法

四、采摘时期

采摘时期是指茶树新梢在生长期间，根据采摘标准和留叶标准而确定的各茶季开采期和年停采期(可以根据有效积温推测)。

1. 开采期

开采太早，工效低；开采迟，产量高峰期采摘不及，造成浪费。应该根据气候、茶树生长情况确定，一般茶园中有

10%～15%的新梢达到采摘标准和留叶标准即可开采。开采后约 10 天，经过两次采摘，便可进入旺采期。

2. 停采期

指一年中结束采摘工作的时间，也称封园。停采期的迟早，关系到当年的产量，也关系到茶树生长和翌年产量。因此，必须根据气候条件、管理水平、茶树年龄等的不同确定停采期。江北茶区 10 月上旬就可停采，华南茶区可采至 12 月。如果茶园管理差，茶树长势差，应该提前封园，加强栽培管理，可以提高第二年春茶产量。

3. 各季茶的时间划分

区分春、夏、秋茶，在生产上有一定的实践意义，划分的方法各省茶区不完全相同。春、夏茶有明显的间歇期，比较好区分。夏、秋茶间歇则不明显，故在茶叶生产管理上，为了便于统计，常将春茶结束后到 7 月底采的茶叫夏茶。8 月 1 日以后的茶称为秋茶。

湖南茶区：

春茶——指在春季气候环境下生育采摘的茶叶。采摘的只是一轮枝没有二轮枝，故又称一轮茶(头茶)，采摘期一般是 4 月上旬到 5 月中旬即清明到小满前。

夏茶——指在夏季气候环境下生育和采摘的茶叶。夏茶采摘的对象主要是二轮枝和三轮枝没有四轮枝，故称为两轮茶。所谓二轮茶，三轮茶，属于夏茶。采摘期一般是 5 月下旬到 8 月上旬，即小满后到立秋前后。

秋茶——指在秋季气候环境下生育和采摘的茶叶。秋茶的采摘对象主要是四轮枝，采摘期是 8 月上、中旬到 10 月上、中旬，即立秋后到霜降前。

长江中下游茶区：

春茶——清明到立夏(4 月上旬至 5 月上旬)。

夏茶——小满到夏至(5 月下旬至 6 月下旬)。

秋茶——大暑到寒露(7 月下旬至 10 月上旬)。

南部茶区：

春茶——雨水到谷雨(2 月下旬至 4 月下旬)。

夏茶——立夏到秋分(5 月上旬至 9 月下旬)。

秋茶——寒露到小雪(10 月上旬至 11 月下旬)。

五、采摘技术

(一)手采技术

1. 掐采

食指和拇指的指尖夹住嫩芽或细嫩的一芽一叶，折断采下。适合于细嫩采摘，速度慢，效率低。

2. 提手采

掌心向下或向上，用拇指指尖和食指侧面夹住新梢，向上稍用力采下。适合于大部分茶区红、绿茶的采摘。

3. 双手采

动作和提手采的手法相同，两手比较靠近，相互配合，交替进行，把符合标准的芽叶采下。双手采效率高，熟练茶工半天时间就可采茶 35 千克。

4. 手采的技术要求

快：动作快，工效高。

净：符合采留标准的芽叶(包括嫩的对夹叶)采得净，漏采率低。

低：留在茶树上的嫩梗长度合理，不宜太长。

平：采后树冠面平整。采摘芽叶后，对于明显凸出蓬面的新梢顺手摘除掉。

(二)机采技术

茶叶采摘在茶叶生产中是一项季节性强、颇费工本的劳

作，一般要占茶园管理用工的50%以上。近年来，由于农村经济体制改革的不断深化，商品经济迅速发展，农村大批劳力向第二、第三产业转移，不少茶区出现采茶劳力十分紧张的问题。随着用工成本的提高和生产资料价格的调整，茶叶生产成本日益提高，经济效益降低。采茶工来自全国不同的地方，有着不同的采摘习惯，采摘标准不一致，并伴有一些滥采现象，鲜叶品质难以得到保证，影响产量和品质。因此，实行机械采茶，减少采茶劳力投入，降低生产成本，保证大宗茶的及时采摘，已成为当前茶叶采摘的主要途径。

我国对采茶机的研究始于20世纪50年代末期。近30年来，研制并提供了生产上试验、试用的多种机型。工作原理均属于切割式，有往复切割式、螺旋滚刀式、水平旋转刀式3种。以动力形式分，有机动、电动和手动3种，以操作形式分，有单人背负手提式、双人抬式2种。

1. 机采对茶树生育的影响

采摘间隔时间长。目前机采没有选择性，不能进行分批采，一次采摘芽叶损失量大，采后恢复生长需要时间长，所以采摘间隔时间变长。一般手工采间隔为5～7天，而机采为12～15天。

长期机采，茶树的发芽密度增加。这是茶树衰退的一种表现。

机采茶园叶层变薄。由于机采是在一个平面上切割采摘，每次机采时，采高了采不到芽叶，采低了导致叶层较薄。

机采茶园的叶层厚度应保持在10厘米以上，叶面积指数应在3～4左右。在生产实践上往往掌握以蓬面“不露骨”为留叶适度，即以见不到枝干外露为宜。

2. 机采的条件

(1)适合机采的茶树品种，如龙井43、福鼎大白茶。无性系品种，长势好，叶片上斜，节间长度适中。

(2)适应机采的茶树树冠。种植规格、树冠高度和宽度、树冠面的平整度达到一定要求。

(3)高水平的栽培管理措施。土壤肥沃，施肥水平高，水分供应充足的茶园。

3. 机采时期

采摘期太早，鲜叶质量好，但产量降低；采摘期太迟，鲜叶产量高，但质量下降。

一般根据适采芽叶百分率确定机采时期。

春茶以一芽二、三叶和同等嫩度的对夹叶比例达到70%～80%，夏、秋茶因持嫩性差，达到60%时开采。

4. 机采茶树的留养

机采的留叶方法和手采不同，手采可以做到留一定数量的真叶，而机采只能是每一次采摘适当提高采摘面，留蓄部分芽叶。一般根据不同茶季，采后蓬面应保留1～2片大叶。

采茶机械如图4-7所示。

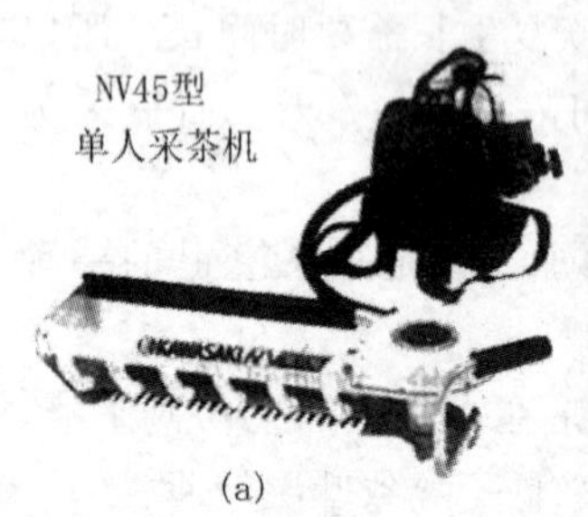

(a)

(b)

图4-7 采茶机械

a-单人采茶机；b-双人往复切割式采茶机

模块五　茶树病虫害诊断与防治

第一节　茶树病害诊断及防治

茶树病害按危害部位可分为叶病、茎病和根病。叶病是指发生在茶树芽叶上的病害，常见的种类有茶饼病、茶网饼病、茶白星病、茶炭疽病和茶轮斑病等；茎病是指发生在茶树茎杆上的病害，通常见到的有茶树地衣、苔藓和寄生性植物等；根病是指发生在茶树根部的病害，有茶红根腐病、茶苗根结线虫病等。由于茶树的收获部位是嫩梢，因此叶部病害的危害性相对较大，特别是茶树芽梢上的病害，对产量和品质的影响更为直接。

一、茶饼病

茶饼病又称叶肿病、疱状叶枯病，是茶树上一种重要的芽叶病害，在我国南方产茶省局部发生，以云南、贵州、四川3省的山区茶园发病最重。茶饼病发生的茶园可直接影响茶叶产量，同时病叶制茶易碎、干茶苦涩影响茶叶品质。

1. 症状

茶饼病主要发生在嫩叶和嫩茎上。嫩叶发病初期呈淡黄至红棕色半透明小斑点，后扩展成直径0.6～1.2厘米圆形斑。病斑正面凹陷，浅黄褐色至暗红色，相应的叶片背面凸起，形成了馒头状突起，即疱斑。叶背突起部分表面初为灰色，上覆有一层灰白色或粉红色或灰色粉末状物，后期粉末消失，凸起部分萎缩成褐色枯斑，边缘有一灰白色圈，似饼状。一片嫩叶上可形成多个疱斑，严重时可达十几个，导致病叶不规则形卷曲并呈畸形。叶柄、嫩茎染病肿胀并扭曲，严重的新梢枯死或折断。除嫩叶和嫩茎外，茶果的绿色外皮也可罹病，产生病斑，严重时变成僵果或落果(见图 5-1)。

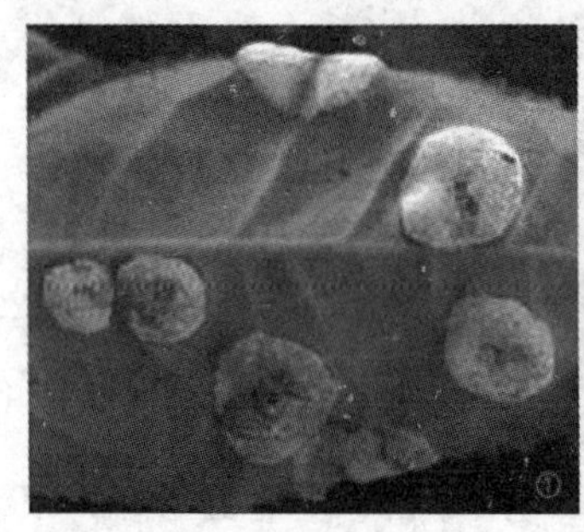

病叶背面

病叶正面

图 5-1　茶饼病症状

2. 发病规律

茶饼病是一种由真菌引起的病害，属低温高湿型病害。病菌以菌丝体在病叶中越冬。翌春或秋季菌丝体萌发并形成新的病斑，在潮湿条件下，平均温度 15～20℃，相对湿度高于 80%，病斑表面形成白色粉状物，即由担孢子组成的子实层，成为发病的初次侵染源。担孢子成熟后随风雨进行传播，侵入新梢嫩叶，出现新病斑，并造成病害的流行。低温高湿条件有利于病害的发生；一般在春茶期和秋茶期发病较重，而在夏季高温干旱季节发病轻；丘陵、平地的郁蔽茶园，多雨情况下发病重；多雾的高山、高湿凹地及露水不易干燥的茶园发病早而重；管理粗放，茶园通风不良、密闭高湿的发病重；大叶种比小叶种发病重。

3. 防治措施

①选种无病健康苗木。②加强茶园管理，改善茶园通风透光性。及时除草、及时分批采茶，适时修剪；避免偏施氮肥，合理施肥，增强树势。③药剂防治。可选用75%十三吗啉乳油2000倍液、3%多抗霉素可湿性粉剂1000倍液等杀菌剂进行防治，非采茶期和非采摘茶园可选用0.6%～0.7%石灰半量式波尔多液。

二、茶网饼病

茶网饼病又称网烧病、白霉病，是一种茶树上偶有发生的叶部病害，在我国华南和西南茶区局部发生，发生程度较茶饼病轻。茶网饼病发生的茶园病叶常枯萎脱落，严重时对翌年春茶产量有显著影响。

1. 症状

茶网饼病主要发生在成叶上，也可危害老叶和嫩叶。发病初期，在叶片上产生针头大小的淡绿色斑点、边缘不明显，以后病斑逐渐扩大、直至整个叶片。患病叶背面常沿着叶脉出现网状突起，上覆有白色粉状物，故名网饼病。病叶在变成紫褐色或紫黑色后，常枯萎死亡而脱落(见图5-2)。

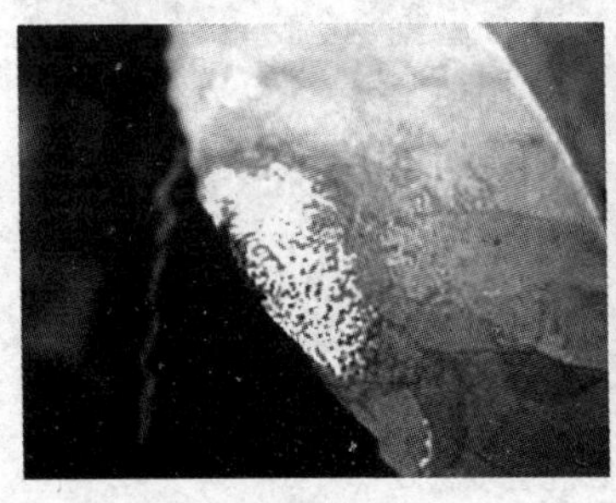

病叶背面

田间症状

图5-2　茶网饼病症状

2. 发病规律

茶网饼病是由一种真菌引起的病害。茶网饼病的发病条件和茶饼病很相似，也属低温高湿型病害。病菌以菌丝体在病叶中越冬，翌年春季菌丝体侵染后形成新的病斑。在温湿适宜的条件下，病斑上面形成白色粉末状的担孢子，成为发病的初次侵染源。担孢子随风雨传播，侵入叶片后可产生新的病斑，随后扩大为网状大型病斑。病斑形成的担孢子可成为再次侵染的来源。一般在比较阴湿的茶园或山间地带茶网饼病发病较重，平地茶园则发病较轻。

3. 防治措施

与茶饼病的防治措施相同。

三、茶炭疽病

茶炭疽病是一种较常见的茶树叶部病害，我国各产茶区均有分布(见图 5-3)。在浙江、四川、湖南、云南和安徽等产茶省，湿度大的年份和季节中发生严重，常在茶园中出现大量枯焦病叶，影响茶树生长和茶叶产量。

病叶　　田间症状

图 5-3　茶炭疽病症状

1. 症状

茶炭疽病主要发生在茶树成叶上，老叶和嫩叶上也偶有发

生。病斑多从叶缘或叶尖发生，初期病斑呈暗绿色水渍状，病斑常沿叶脉蔓延扩大，并变为褐色或红褐色，后期可变为灰白色(见图 5-3)。病斑形状大小不一，但一般在叶片近叶柄部形成大型红褐色枯斑，有时可蔓及叶的一半以上。边缘有黄褐色隆起线，与健全部分界限明显。病斑正面可散生许多黑色、细小的突出粒点，即病原菌的分生孢子盘。茶炭疽病危害后，病叶质脆，易破碎，也易脱落，严重发生时可引起大量落叶。

2. 发病规律

茶炭疽病是一种由真菌引起的病害。病菌以菌丝体在病叶组织中越冬，翌春气温上升、湿度适宜，叶片病斑上开始形成分生孢子。分生孢子借助风雨传播，从叶背茸毛基部侵入叶片组织。从孢子在茸毛上附着到叶面出现圆形小病斑一般需 8～14 天，再到形成赤褐色大型斑块一般需 15～30 天。因此，炭疽病病菌潜育期较长，一般多在嫩叶期侵入，在成叶期才出现症状。温湿度是影响炭疽病发生的最重要气候因素，春夏之交及秋季雨水较多时，茶炭疽病发生较重；夏季则因气温偏高并常干旱少雨，不利于炭疽病的发生。

3. 防治措施

①选用抗病品种。②加强田间管理，及时清理枯枝落叶，减少翌年病原菌的来源；合理施肥，增强树势。③适时用药防治。防治时期应掌握在发病盛期前，可选用 99％矿物油乳油 100 倍液、10％苯醚甲环唑水分散粒剂1500～2000倍液等进行防治。

四、茶白星病

茶白星病又名点星病，是茶树上一种重要的芽叶病害，在我国各茶区均有发生，多分布在高山茶园。主要危害春茶和夏茶的嫩叶、新梢，影响新梢的生长，病叶加工的成茶味苦、色浑、易碎。

1. 症状

茶白星病主要发生在茶树的嫩叶和新梢。发病初期，病斑呈针头大的褐色小点，以后渐渐扩大成直径 0.3～1.0 毫米的圆形病斑，最大直径可达 2 毫米。病斑边缘暗紫褐色，中央呈灰褐色至灰白色，散生黑色小粒点。病斑周围有黄色晕圈，形成鸟眼状，有时中央部龟裂形成孔洞。发生严重时，在同一张病叶上许多病斑可相互愈合成大型病斑，引起大量落叶。

2. 发病规律

茶白星病是由真菌引起的病害(见图 5-4)。病菌以菌丝体或分生孢子器在病组织中越冬。翌年春季气温在 10℃以上、湿度适宜时形成孢子。孢子成熟后萌芽，从气孔或茸毛基部侵染幼嫩组织，经 1～2 天后，出现新病斑。以后病斑部位形成黑色小粒点，产生新的孢子，借风雨传播，进行再次侵染。茶白星病属低温高湿型病害，在高湿、多雾、气温偏低的生态条件下，有利于茶白星病的发生。一般来说海拔较高的茶园、北坡茶园、幼龄茶园等相对发病较重。

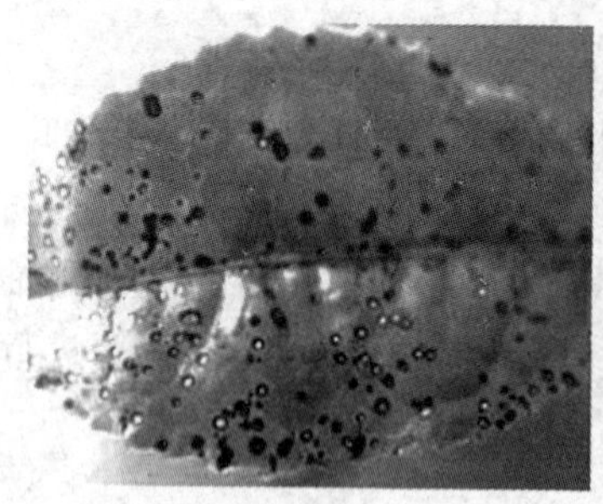

病叶正面

田间症状

图 5-4　茶白星病的症状

3. 防治措施

①及时分批采茶可减少侵染源，减轻发病。②增施有机肥和钾肥可使树势强壮，提高抗病性。③必要时再选用药剂进行防治。非采茶期可采用0.6%～0.7%石灰半量式波尔多液进行防治。

五、茶圆赤星病

茶圆赤星病是茶树芽叶病害之一，主要发生在高山地区的茶园，全国各茶区均有发生，浙江、安徽、湖南、四川和云南等产茶省发生较普遍，全年主要在春茶期发生严重。

1. 症状

茶圆赤星病主要发生在茶树的嫩叶和新梢。初期呈褐色针头状小点，逐渐扩大为褐色或紫色小斑，边缘深褐色，中央凹陷，呈灰褐色；病斑直径0.8～1.2毫米，同一叶片上，多个病斑可连成不规则的大斑；还可危害叶柄，引起叶片脱落；新梢发病，病斑可以扩展至茎。湿度大时，病斑正面中央产生灰色霉状物。

2. 发病规律

茶圆赤星病由一种由真菌引起的病害(见图5-5)。病原菌以菌丝在树上病叶或落叶中越冬，翌年春季茶芽萌发、抽生新叶时，产生分生孢子，借风、雨传播，侵染嫩叶、幼茎或成叶，出现新病斑。分生孢子可多次重复侵染。本病属低温高湿性病害，以春、秋多雨季节发生严重。凡日照短、阴湿、雾大的茶园发生较重；茶园管理粗放，肥料不足，采摘过度，茶树生长弱的茶苗或生长较柔嫩的茶苗都易发病。

3. 防治措施

①在早春结合修剪，清除有病枝叶，减少初次侵染来源。②加强管理，合理施肥，增强树势。③必要时施用药剂进行防

图 5-5 茶圆赤星病的田间症状

治。一般宜在早春及发病初期用药，可喷施 50%甲基硫菌灵可湿性粉剂 1000 倍液、80%代森锌可湿性粉剂 1000～1500 倍液等药剂进行防治。

六、茶轮斑病

茶轮斑病又称茶梢枯死病，该病在茶园中常见，全国各产茶省均有发生。被害叶片大量脱落，严重时引起枯梢，致使树势衰弱，产量下降。

1. 症状

茶轮斑病主要危害成叶和老叶。常从叶尖或叶缘上开始发病，逐渐扩展为圆形至椭圆形或不规则的褐色大病斑，成叶和老叶上的病斑具明显的同心轮纹。发病后期病斑中间变成灰白色，湿度大时出现呈轮纹状排列的黑色小粒点，即病原菌的子实体。嫩叶染病时从叶尖向叶缘渐变为黑褐色，病斑不整齐，焦枯状，病斑正面散生煤污状小点，病斑上没有轮纹。多个病斑常相互融合致叶片大部分布满褐色枯斑。此病也可侵染嫩梢，引致枝枯落叶，扦插苗则会引起整株死亡。

2. 发病规律

茶轮斑病是一种真菌引起的病害（见图 5-6）。病菌以菌丝体或分生孢子盘在病叶组织内越冬。翌年春季在适温高湿条件

下产生分生孢子从叶片伤口或表皮侵入，经 7～14 天，新病斑形成并产生分生孢子，随风雨传播，再次侵染。该病原菌为弱寄生菌，常侵染生长衰弱的茶树。高温高湿有利于此病的发生，一般在夏、秋两季发生重。排水不良，扦插苗圃或密植茶园，湿度大时易发病。

图 5-6 茶轮斑病的症状

3. 防治措施

①因地制宜选用抗性品种或耐病品种。②加强茶园管理，勤除杂草，及时排除积水，合理施肥，促使茶树生长健壮，提高抗病能力。③药剂防治应掌握在发病初期，可喷施 5%甲基硫菌灵可湿性粉剂 1000～1500 倍液和 80%代森锌可湿性粉剂 1000 倍液等药剂进行防治。

七、茶云纹叶枯病

茶云纹叶枯病又称叶枯病，是常见成叶、老叶病害之一，我国各茶区均有发生。病害发生严重的茶园呈成片枯褐色，叶片早期脱落，枝梢枯死，幼龄茶树则可整株枯死。

1. 症状

病害多从叶尖或叶缘发生，褐色，半圆形或不规则形，呈波浪状轮纹，似云纹状，后期病斑中央变灰白色，上生灰黑色扁平的小粒点，且沿轮纹排列；嫩叶上的病斑初期为圆形褐色，后期变黑褐色；在枝条上形成灰褐色斑块，椭圆形略凹陷，生有灰黑色小粒点，常造成枝梢干枯；在果实上，病斑黄褐色或灰色，圆形，后期生有灰黑色小粒点，病部有时开裂（见图 5-7）。

图 5-7 茶云纹叶枯病田间症状

2. 发病规律

茶云纹叶枯病是由一种真菌引起的病害。

八、茶树荧光性绿斑病

茶树荧光性绿斑病是一种常见的茶树成叶生理性病害（见图 5-8）。在我国各茶产区都有发生，尤以江北茶区发生最为严重。

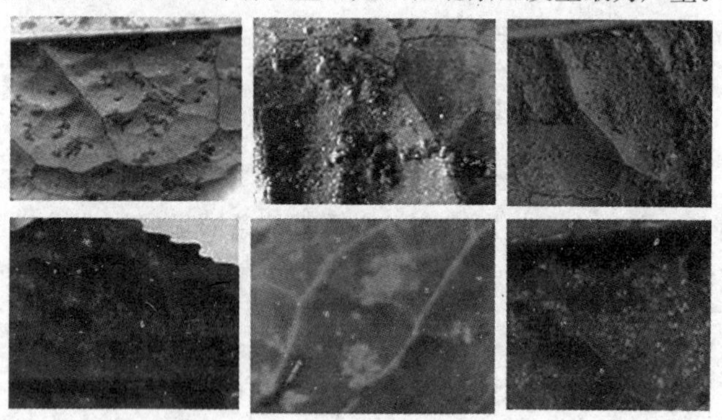

图 5-8 茶树荧光性绿斑病

1. 症状

荧光性绿斑病主要发生在茶树下部老叶或成叶上，发生严重时也会出现在上部成叶上。病害叶片下表皮局部呈颗粒状或块状凸起、深绿色；在阳光照射下，病变部位可发出黄绿色荧光。后期病斑部位干枯褐化，无荧光。

2. 发病规律

荧光性绿斑病一般在7月开始发生。发病初期在叶片下表皮出现颗粒状小突起，随后病症部位不断凸起增厚，下表皮细胞损伤，呈现深绿色、水渍状病斑。在光照下，病斑处可见黄绿色荧光，且随着病情加重强度逐渐增强。当病斑处出现黄变、褐化并干枯时，黄绿色荧光消失。荧光性绿斑病主要是由于钙、锰、铝等金属离子在叶片中过度累积而发生的生理性病害。

3. 防治措施

①避免在盐基饱和度高或酸度过低的土壤中种茶；②在水分蒸发量大的季节，采用遮荫和增湿的方法降低茶树蒸腾量，减少茶树对金属离子的被动吸收。

第二节　茶树害虫诊断及防治

茶树害虫的种类很多，根据取食方式和危害部位可分为食叶类害虫、吸汁类害虫、钻蛀类和地下害虫等。食叶类害虫是通过取食茶树叶片危害茶树，吸汁类害虫是通过刺吸茶树汁液危害茶树，钻蛀类和地下害虫则是通过取食茶树枝干、果实和根茎危害茶树。茶园中以食叶类和吸汁类害虫居多，其中的假眼小绿叶蝉、以茶尺蠖为代表的部分鳞翅目害虫和螨类是茶叶生产中的主要害虫。

一、食叶类害虫

食叶类害虫一般多具有咀嚼式口器，取食茶树芽叶，影响茶树生长、造成茶叶减产。其中，以食叶类鳞翅目害虫、卷叶类鳞翅目害虫和象甲类害虫较为常见。

(一)茶尺蠖

茶尺蠖又名拱拱虫，是我国茶树的最主要食叶类害虫之一，以取食茶树嫩叶为主，发生严重时可将成片茶园食尽，严重影响茶树的树势和茶叶的产量(见图 5-9)。主要分布在浙江、江苏、安徽、湖南、湖北、江西和福建等地，以浙江、江苏、安徽等茶区发生最为严重。

图 5-9 茶尺蠖

1. 形态特征

茶尺蠖是完全变态昆虫，完成一个世代需要经过成虫、卵、幼虫和蛹4个阶段。成虫属中型蛾子，体长9～12毫米，翅展20～30毫米。有灰翅型和黑翅型两类。灰翅型体翅灰白色，翅面疏被茶褐色或黑褐色鳞片。黑翅型体翅黑色，翅面无纹。秋季一般体色较深，体型也较大。卵短椭圆形，常数十粒、百余粒重叠成堆，覆有白色絮状物，初产时鲜绿色，后渐变黄绿色，再转灰褐色，近孵化时为黑色。幼虫有4～5个龄期，1龄幼虫体黑色，后期呈褐色，各腹节上有许多小白点组成白色环纹和白色纵线；2龄幼虫体黑褐色至褐色，腹节上的白点消失，后期在第一、二腹节背面出现2个明显的黑色斑点；3龄幼虫茶褐色，第二腹节背面出现1个"八"字形黑纹，第八腹节上有1个倒"八"字形黑纹；4～5龄幼虫体色呈深褐色至灰褐色，自腹部第二节起背面出现黑色斑纹及双重棱形纹。蛹长椭圆形，赭褐色，臀刺近三角形，末端有分叉短刺。

2. 发生特点

茶尺蠖1年发生5～6代，蛹在茶树根际附近土壤中越冬，翌年2月下旬至3月上旬开始羽化。成虫有趋光性，静止时四翅平展，停息在茶丛中。卵成堆产于茶树树皮缝隙和枯枝落叶等处。一个卵块能孵化数百只幼虫，1、2龄时常集中危害，形成发病中心。初孵幼虫活泼、善吐丝，有趋光、趋嫩性，分布在茶树表层叶缘与叶面，取食嫩叶，在嫩叶上形成花斑，稍大后咬食叶片成"C"字形；3龄幼虫开始取食全叶，分散危害，分布部位也逐渐向下转移；4龄后开始暴食，虫口密度大时可将嫩叶、老叶甚至嫩茎全部食尽。幼虫老熟后，爬至茶树根际附近表土中化蛹。全年种群消长呈阶梯式上升，至第四或第五代形成全年的最高虫量。影响茶尺蠖种群消长的主导因子是其天敌，目前已发现的天敌有寄生蜂、蜘蛛、真菌、病毒及鸟类等，其中以绒茧蜂、病毒和真菌尤为重要。

3. 防治方法

①清园灭蛹。结合伏耕和冬耕施月巴，将根际附近落叶和表土中虫蛹深埋入土。②灯光诱杀。田间安装杀虫灯诱杀茶尺蠖成虫。③保护和利用天敌。尽量减少茶园化学农药的使用，保护田间的寄生性和捕食性天敌；在茶尺蠖幼虫发生的第一、五、六代，喷施茶尺蠖核型多角体病毒制剂，喷施病毒的时期掌握在一、二龄幼虫期。④药剂防治。药剂可选用0.6%苦参碱水剂800～1000倍液、2.5%溴氰菊酯乳油3000倍液和4.5%高效氯氰菊酯乳油2000～3000倍液等药剂进行防治，防治时间应掌握在低龄期喷施。

(二)银尺蠖

银尺蠖又名白尺蠖、青尺蠖，分布广，但仅局部地区危害严重(见图5-10)。以幼虫取食叶片危害茶树，严重时将叶片全部食光，仅留主脉。

1. 形态特征

银尺蠖是完全变态昆虫，完成一个世代需要经过成虫、卵、幼虫和蛹4个阶段。成虫属中型蛾子，体长约12～14毫米，翅展29～36毫米；体翅白色，复眼黑褐，头顶棕黄；雌虫触角丝状，雄虫双栉齿状。卵黄绿色，椭圆形。初孵幼虫淡黄绿色，2、3龄幼虫深绿色；4龄幼虫青色，气门线银白色，体背有黄绿色和深绿色纵向条纹各10条，体节间出现黄白色环纹；5龄幼虫与四龄相似，但腹足和尾足淡紫色。蛹长椭圆形，绿色，翅芽渐白，羽化前翅芽出棕褐色点线，腹末有4根钩刺。

2. 发生特点

银尺蠖的幼虫在茶树中下部成叶上越冬，一般1年发生6代。成虫趋光性强，卵散产，多产于茶树枝梢叶腋和腋芽处，每处产1粒至数粒。初孵幼虫就近食叶，1、2龄在嫩叶

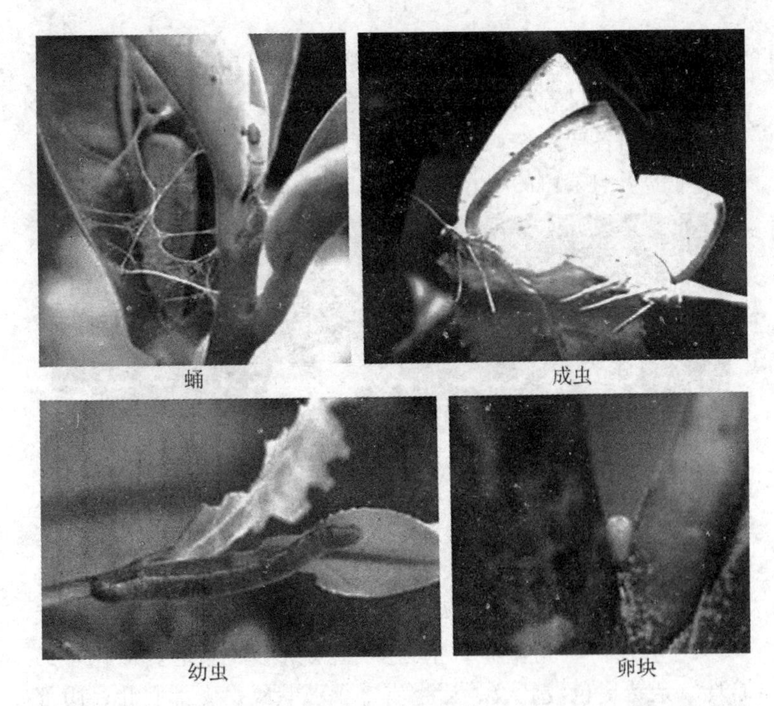

图 5-10　银尺蠖

叶背咀食叶肉，留上表皮，逐渐食成小洞；3 龄后蚕食叶缘成缺刻，4 龄后食量增加，5 龄咀食全叶，仅留主脉与叶柄。幼虫老熟后在茶丛中部叶片或枝叶间吐丝连结叶片化蛹。各代幼虫发生期不整齐，世代重叠。

3. 防治方法

①灯光诱杀。在成虫期可在田间安装杀虫灯诱杀成虫，以减少下一代幼虫发生量。②药剂防治。应掌握在低龄期喷施，药剂可选用 8000IU/毫克苏云金杆菌可湿性粉剂 1000 倍液、0.6%苦参碱水剂 1000 倍液、2.5%溴氰菊酯乳油 2000 倍液和 10%联苯菊酯水乳剂 3000 倍液等。

（三）油桐尺蠖

油桐尺蠖又称大尺蠖、柴棍虫等，是一种食叶类暴食性害虫，在我国各产茶省均有不同程度的分布。以幼虫取食叶片危害茶树，影响茶树的生长（见图 5-11）。

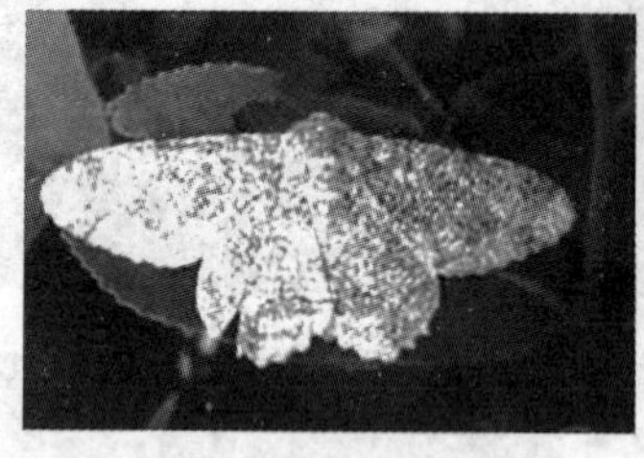

雌成虫

幼虫

图 5-11　油桐尺蠖

1. 形态特征

成虫体形较大，翅面灰白色，密布灰黑色小点。雌蛾翅展 67～76 毫米，触角丝状；前翅呈近三角形，缘毛黄褐色，翅面具 3 条黄褐色波状纹；后翅有 2 条波状纹，腹部肥壮，腹部末端有黄色茸毛。雄蛾触角栉状，翅面具灰黑色波状纹，腹部瘦细，腹部末端无茸毛。卵椭圆形，初产时鲜绿色，近孵化时转为灰褐色；常数百粒至千余粒重叠在一起，上覆黄色茸毛。幼虫共 6 龄，1 龄幼虫体暗灰色，背线和气门线灰白色；2 龄幼虫体绿色，灰白色背线和气门线消失；3 龄幼虫体色多变，常呈绿色、褐色、棕色等，前胸背两侧开始突起；4～6 龄幼虫体色同 3 龄，体长增加、体表粗糙。蛹圆锥形，初为黄绿色，后渐变为黄褐色、棕红色。

2. 发生特点

油桐尺蠖在茶树根际附近土壤中以蛹越冬，一年发生 2～4 代。成虫羽化后喜停息在茶园附近的树干及建筑物墙面上，静止时翅平展，趋光性强。卵多产于茶园附近树木裂皮缝隙

处。初孵幼虫活泼，有很强的吐丝习性，随风飘荡，散落在茶树上。

1、2 龄幼虫喜食嫩叶，自叶缘或叶尖取食表皮及叶肉，使叶片呈不规则的黄褐色网膜斑；3 龄幼虫将叶片食成缺刻；4 龄后食量猛增，残食茶树全叶。幼虫老熟后，爬至茶树根际附近土中化蛹。影响油桐尺蠖种群消长的主要因素是其天敌数量和气候条件。目前，已知的油桐尺蠖天敌有黑卵蜂、姬蜂、寄蝇、核型多角体病毒及鸟类等。其中油桐尺蠖核型多角体病毒对其种群数量的影响最大，在田间自然条件下，能较长时间地控制其种群数量上升。

3. 防治方法

①人工挖蛹。在油桐尺蠖大量发生时，可进行人工挖蛹或翻耕茶园。②灯光诱杀。在发蛾期，安装杀虫灯诱杀成虫。③药剂防治。防治适期为一、二龄幼虫期，可选用 4.5％高效氯氰菊酯乳油 2000～3000 倍液、2.5％溴氰菊酯乳油 2000 倍液和 0.6％苦参碱水剂 1000 倍液等。

(四)茶用克尺蠖

茶用克尺蠖以幼虫取食茶树成叶，影响茶树的生长和茶叶产量(见图 5-12)。在长江中下游茶区常与茶尺蠖混合发生。主要分布在广东、江苏、浙江等南方产茶省。

1. 形态特征

成虫属中型蛾子。雌蛾翅展 49～59 毫米，触角丝状；雄蛾翅展 39～48 毫米，触角栉状。体翅灰褐至赭褐色，前翅有 5 条暗褐色的横线，后翅有 3 条横线，前、后翅近外缘中央各有一咖啡色斑块，前翅室上方有一深色斑。卵椭圆形，初产时草绿色，后变淡黄色，近孵化时灰黑色。幼虫有 5～6 龄。1 龄幼虫体黑色，腹部 1～5 节和 9 节有环列白线；2～4 龄幼虫体咖啡色，腹节上的白线同 1 龄；5～6 龄幼虫体咖啡色或茶褐色，额区出现倒“V”字形纹，腹节上白线消失，第八腹节背面突起明显。蛹赭褐色，表面满布细小刻点，腹部末节除腹面外呈环状突起，臀刺基部较宽大，端部二分叉。

雌成虫　雄成虫

幼虫

图 5-12　茶用克尺蠖

2. 发生特点

茶用克尺蠖以低龄幼虫在茶树上越冬，一年发生 4 代。成虫一般在傍晚后羽化，翌日开始产卵。卵块多产于茶树枝干缝隙处及茶园附近林木的裂皮缝隙处，卵粒间以胶质物黏连，不易分开，卵块表面无覆盖附属物。初孵幼虫活泼，有趋嫩性，常集中在嫩芽叶，取食嫩叶叶缘使叶片呈圆形枯斑；2 龄幼虫食成孔洞；3 龄后逐渐分散，蚕食全叶。幼虫老熟后爬至茶树根际附近入土化蛹。主要天敌有捕食性蜘蛛、鸟类等。

3. 防治方法

①灯光诱杀。利用成虫有强趋光性，在茶用克尺蠖的成虫期可在田间点灯诱杀成虫，以减少其发生量。②药剂防治。防

治适期掌握在3龄幼虫前期。在浙江茶区，茶用克尺蠖第一、第二、第三代幼虫发生期与茶尺蠖第二、第四、第五代幼虫发生期吻合，可结合茶尺蠖的防治进行。

（五）木撩尺蠖

木撩尺蠖是一种杂食性害虫，20世纪80年代，在浙江、安徽、江苏茶区曾严重发生，其寄主植物多达60多种（见图5-13）。

成虫

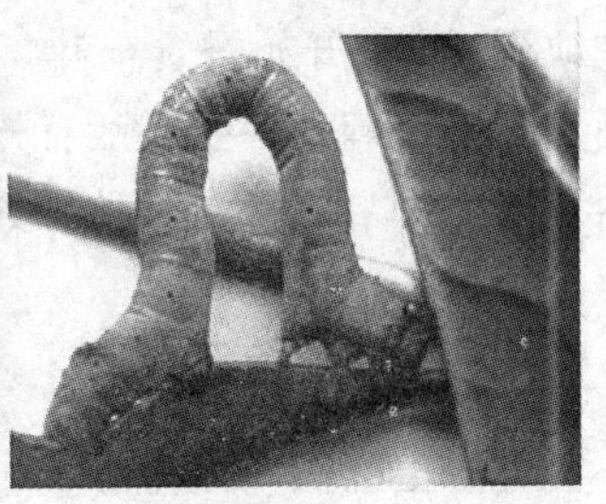

幼虫

图5-13　木撩尺蠖

1. 形态特征

成虫属大型蛾子。雌蛾体型肥大，翅展70～80毫米，触角丝状，腹末有棕黄色毛丛；雄蛾体较雌蛾瘦小，翅展58～68毫米，触角栉状，腹末无毛丛。前后翅白色，翅面有不规则大小不一的淡灰至灰色斑，前翅基部有一较大的圆形橙色眼状斑，前后翅中央各有一圆形或椭圆形灰色斑，亚外缘线内侧有一串橙色、灰色斑相连成间断的波状带纹。卵椭圆形，初产时翠绿色，近孵化时青灰色。幼虫共5～6龄，1龄幼虫灰黑色，背线和气门线青灰色；2龄幼虫黄绿色，青灰色的背线和气门线消失；3龄后幼虫体色多变，体表粗糙，有乳白色突起，腹部第八节背突起，头顶下陷，两侧呈橙红色角状突起。蛹肥大，体上满布不规则刻点，基部扁球形，端部分叉。

2. 发生特点

木撩尺蠖以蛹在茶园土壤中越冬，一年发生2～3代。成虫静止时翅平展，喜停息在茶园附近林木主干及建筑物墙面上。卵块大多产于茶园附近林木主干缝隙处，上覆棕黄色茸毛。初孵幼虫十分活泼，爬行敏捷，吐丝习性强，无明显的发虫中心。1、2 龄幼虫取食嫩叶，自叶缘食其叶肉，残留表皮，使叶片呈不规则的黄褐色枯斑；3 龄幼虫蚕食叶片，留下叶脉，造成缺刻；4 龄开始蚕食全叶。幼虫老熟后，在茶树根部入土化蛹。木撩尺蠖的主要天敌有核型多角体病毒、寄生蜂、寄生真菌及鸟类等。病毒对其种群数量的控制十分明显。

3. 防治方法

①清园灭蛹。结合茶园秋冬季管理，清理树冠下的落叶及表土，可使虫蛹深埋入土。②灯光诱杀。利用成虫的趋光性，点灯诱杀成虫。③药剂防治。防治适期掌握在 3 龄幼虫前期，药剂使用同茶尺蠖。

（六）无常魑尺蛾

无常魑尺蛾是近年在我国湖南省桃源乌云界国家自然保护区发现的一种茶树新害虫，据文献记载在浙江、四川等地也有发生(见图 5-14)。

1. 形态特征

无常魑尺蛾成虫雄蛾翅展 32 毫米左右，体长 13～14 毫米；雌蛾翅展 39 毫米左右，体长 14～16 毫米。触角丝状，雌性栉枝比雄性长；翅黄至棕黄色，前翅顶角凸出，外缘中部略凸，前翅内线灰褐色呈波曲状，外线黑褐色自近顶角发出直达后翅后缘中部外侧，中部各具一灰褐色点；后翅圆弧形，外线内则于中室处具 3～4 块大小不一的半透明斑；老龄幼虫体灰褐色，蛹棕红色、长 15 毫米左右。

图 5-14　无常魑尺蛾

2. 发生特点

无常魑尺蛾在栽培管理茶园中很少发生，发生特点尚未有详细记载，对茶叶生产尚未构成明显影响。

（七）钩翅尺蛾

钩翅尺蛾是近年在我国湖南省桃源乌云界国家自然保护区发现的一种茶树新害虫，据文献记载其在福建、广西、贵州以及印度等地也有发生(见图 5-15)。

1. 形态特征

钩翅尺蛾成虫雌蛾体长 16.0～20.0 毫米，翅展 47.2～57.3 毫米；前翅顶角突出成钩状，前后翅外线、中线明显；体灰褐色，触角丝状。雄蛾体长略短，触角双栉齿状，前翅顶角突出成钩状。前足胫节无距，中、后足各有两枚端距。卵椭圆形，短径 0.40～0.45 毫米，长径 0.65～0.74 毫米，外表较光滑，初产时为绿色，后变黑色。初孵幼虫体黑色，随着虫龄

幼虫　蛹
雄成虫　雌成虫

图 5-15　钩翅尺蛾

的增长，幼虫体表形成一道道白点组成的环圈，老熟幼虫体长可达 50 毫米。蛹棕褐色，长 12.9～18.6 毫米；雄蛹略短；头顶圆滑，复眼黑褐色；臀刺 3 枚。

2. 发生特点

钩翅尺蛾在栽培管理茶园中很少发生，发生特点尚未有详细记载，目前已知对茶叶生产未构成影响。

(八)茶毛虫

茶毛虫是茶树重要的食叶类害虫之一，我国大多产茶省均有分布(见图 5-16)。以幼虫取食茶树成叶为主，影响茶树的生长和茶叶产量。此外，幼虫虫体上的毒毛及蜕皮壳触及人体皮肤后，能引起皮肤红肿、奇痒，对采茶、田间管理以及茶叶加工影响较大。

1. 形态特征

茶毛虫为完全变态昆虫，完成一个世代需要经过成虫、

卵、幼虫和蛹 4 个阶段。成虫翅展 20～35 毫米，雌蛾翅琥珀色，雄蛾翅深茶褐色，雌、雄蛾前翅中央均有 2 条浅色条纹，翅尖黄色区内有 2 个黑点。卵扁球形、淡黄色，卵块椭圆形，上覆黄褐色厚茸毛。幼虫 6～7 龄。1 龄幼虫淡黄色，着黄白色长毛；2 龄幼虫淡黄色，前胸气门上线的毛瘤呈浅褐色；3 龄幼虫体色与 2 龄相同，胸部两侧出现一条褐色线纹，第一、第二腹节亚背线上毛瘤变黑绒球状；4～7 龄幼虫黄褐色至土黄色，随着龄期增加，腹节亚背线上毛瘤增加、色泽加深。蛹圆锥形、浅咖啡色、疏被茶褐色毛，蛹外有黄棕色丝质薄茧。

图 5-16　茶毛虫

2. 发生特点

茶毛虫一般以卵块在茶树中、下部叶背越冬，少数以蛹及幼虫越冬，年发生 2～3 代。卵块产于茶树中、下部叶背，上覆黄色茸毛。幼虫群集性强，在茶树上具有明显的侧向分布习性。1、2 龄幼虫常百余只群集在茶树中、下部叶背，取食下表皮及叶肉，留下表皮呈现半透明膜斑；蜕皮前群迁到茶树下部未被危害的叶背面，聚集在一起，头向内围成圆形或椭圆形虫群，不食不动，蜕皮后继续为害；3 龄幼虫常从叶缘开始取食，造成缺刻，并开始分群向茶行两侧迁移；6 龄起进入暴食期，可将茶丛叶片食尽。幼虫老熟后爬到茶丛基部枝桠间、落叶下或土隙间结茧化蛹。影响茶毛虫种群消长的主导因子主要是气候条件和天敌数量，其中茶毛虫黑卵蜂、细菌性软化病及核型多角体病毒是其主要的天敌。

3. 防治方法

①摘除卵块和虫群。在 11 月至翌年 3 月间人工摘除越冬卵块，同时利用该虫群集性强的特点，结合田间操作摘除虫群。②灯光诱杀。在成虫羽化期安装杀虫灯诱蛾，减轻田间虫口数量。③药剂防治。掌握在低龄幼虫期前喷药，药剂可选用茶毛虫核型多角体病毒(1 万 PIB・2000IU/升茶毛・苏云金水剂 1000 倍液)、0.6％苦参碱水剂 800～1000 倍液、10％联苯菊酯水乳剂 3000 倍液和 2.5％溴氰菊酯乳油 2000～3000 倍液等。

(九)茶刺蛾

茶刺蛾是茶树刺蛾类的一种重要害虫，我国主要产茶区均有分布，在浙江、湖南、江西等省 1 年发生 3 代，在广西发生 4 代(见图 5-17)。以幼虫取食成叶危害茶树，影响茶树的生长和茶叶产量。

1. 形态特征

茶刺蛾为完全变态昆虫，完成一个世代要经过成虫、卵、幼虫和蛹等 4 个阶段。成虫翅展 24～30 毫米，体和前翅浅灰红褐色，翅面具雾状黑点，有 3 条暗黑褐色斜线；后翅灰褐色，近三角形。卵扁椭圆形，黄白色，半透明。幼虫共 6 龄，

体最长时长 30～35 毫米。幼虫长椭圆形，背部隆起，黄绿至绿色；背线蓝绿色，中部有 1 个红褐色或淡紫色菱形斑，气门线上有一列红点；各体节有 2 对刺突，分别着生于亚背线上方和气门线上方；体背第二对与第三对刺突之间有一个绿色或红紫色肉质角状突起，明显斜向前方，这是区别于茶园其他刺蛾幼虫的最明显特征。蛹椭圆形、淡黄色，蛹茧卵圆形、褐色。

成虫　　幼虫

蛹茧　　田间危害状

图 5-17　茶刺蛾

2. 发生特点

茶刺蛾以老熟幼虫在茶树根际落叶和表土中结茧越冬，一年发生 3～4 代。成虫主要栖息在茶丛下部叶片背面，有较强的趋光性。卵散产于茶丛中、下部叶片反面叶缘处。1、2 龄幼虫活动性弱，一般停留在卵壳附近取食茶树叶片下表皮及叶肉，残留上表皮，被害叶呈现嫩黄色、渐转枯焦状的半透明斑块；3 龄后取食叶片成缺口，并逐渐向茶丛中、上部转移，夜间及清晨爬至叶面活动；4 龄起可食尽全叶，但一般取食叶片的 2/3 后，即转取食其他叶片。幼虫老熟时移到茶丛枯枝落叶或浅土间结茧化蛹。茶刺蛾一般以第二、第三代为害较重，气候条件及天敌因子对茶刺蛾种群的消长有较大的影响，其中以茶刺蛾核型多角体病毒的制约作用最强。

3. 防治方法

①清园灭茧。在茶树越冬期，结合施肥和翻耕，清除或深埋蛹茧，减少翌年害虫的发生量。②灯光诱杀。利用茶刺蛾成虫的趋光性，安装杀虫灯诱杀成虫。③药剂防治。应掌握在 2、3 龄幼虫发生期喷施，药剂可选用 8000IU/毫克苏云金杆菌可湿性粉剂 800～1000 倍液、2.5％高效氯氟氰菊酯乳油 2000～3000 倍液、和 0.6％苦参碱水剂 800～1000 倍液等。

(十)茶黑毒蛾

茶黑毒蛾又称茶茸毒蛾，在我国主要产茶区均有分布(见图 5-18)。以幼虫取食茶树成叶及嫩叶危害茶树，发生严重时可将成片茶园食尽，严重影响茶树的树势和茶叶的产量。同时由于茶黑毒蛾幼虫虫体上长有毒毛，触及人体皮肤后，产生奇痒，妨碍茶叶采摘及田间管理工作。

1. 形态特征

成虫属中型蛾子，体翅暗褐色至栗黑色；前翅基部颜色较深，有数条黑色波状横线纹，翅中部近前缘处有一个较大近圆形的灰黄色斑，下方臀角内侧还有一个黑褐色斑块；后翅灰褐色，无线纹。卵扁球形，顶部凹陷，初产时灰白色、后转黑色。幼虫 5～6 龄，体长可达 24.0～32.0 毫米。1 龄幼虫体淡黄色至暗褐色，第一胸背有 1 个肉瘤；2 龄幼虫体暗褐色，第一、第二胸节有 2 列黑色毛丛，第八腹背可见 1 簇毛丛；3 龄幼虫腹部第一至第五节均有毛丛，第八腹背毛丛明显伸长；4 龄幼虫腹部第一至第三节上毛丛呈棕色刷状，第四、五

节毛簇黄白色，第八腹节毛簇黑褐色；5、6 龄幼虫，体黑褐色，体背及体侧有红色纵线，各体节瘤突上长有白、黑簇生毒毛。蛹黄褐色、有光泽，体表多黄色短毛，腹末臀刺较尖。蛹椭圆形，棕黄至棕褐色，质地较松软。

卵　幼虫

蛹茧　成虫

图 5-18　茶黑毒蛾

2. 发生特点

茶黑毒蛾一般以卵在茶园中越冬，1 年发生 4～5 代。卵成块或散产于茶树中下部叶背、枯枝及杂草茎叶上，大多 6～30 粒产在一起，排列整齐，不重叠。初孵幼虫活动性较差，一般停息在卵壳附近，常呈放射状排列，先食尽卵壳后再取食茶叶。1、2 龄幼虫在成叶背面取食下表皮及叶肉，被害叶呈黄褐色网膜枯斑。3 龄前幼虫群集性强，常 10 只或更多只集中在一起。3 龄后开始逐渐分散，取食叶片后留下叶脉，直至食尽全叶；但在蜕皮前仍 3～10 只群集叶背，蜕皮后再分散取食。幼虫老熟后在茶丛基部等处结茧化蛹。

3. 防治方法

①清园灭卵。结合茶园培育管理，清除杂草，可带走越冬卵。②灯光诱杀。利用成虫趋光性，点灯诱杀，减少次代虫口的发生数量。③药剂防治。掌握在 3 龄前幼虫期。药剂可选用 10％联苯菊酯水乳剂 3000 倍液、0.6％苦参碱水剂 800～1000 倍液等。

（十一）茶白毒蛾

茶白毒蛾是茶区普遍分布的常见害虫。以幼虫取食茶树叶片为害，影响茶树生长（见图 5-19）。

幼虫

雌成虫

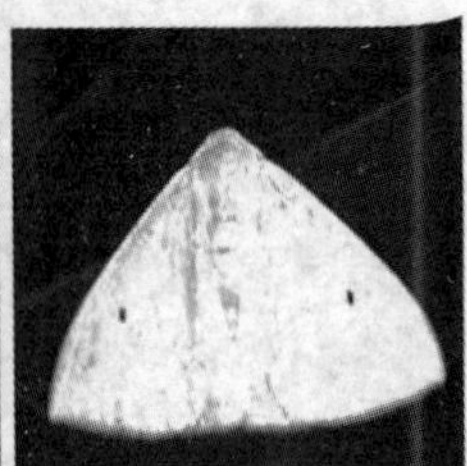
雄成虫

图 5-19　茶白毒蛾

1. 形态特征

成虫为中小型蛾子，体翅白色，具丝缎样光泽；触角羽毛状；腹末有白色毛丛；雄蛾前翅中室端部有一黑色斑点。卵淡绿色，扁鼓形。幼虫共 5 龄，体长可达 25～28 毫米，体色多变；头赤褐色或红色，体茶褐色或红褐色；体节具 8 个毛疣，丛生白色长毛和黑白短毛，腹面带紫色。蛹绿色、圆锥形，体表散生凹点，密布白色短毛，体背有 2 条淡白色纵线。

2. 发生特点

茶白毒蛾以老熟幼虫在茶丛中、下部叶背越冬，一年发生6代。成虫静止时翅面平展，栖伏于茶丛内叶面，受惊后即飞翔，但飞翔力较弱。卵多产于叶片背面，一般每处5～15粒，也有散产。初孵幼虫群集叶背取食叶肉，残留上表皮，呈枯黄色半透明不规则的斑块；2龄后分散活动，自叶缘蚕食成缺刻；3龄后可取食全叶仅留主脉。幼虫爬行迟缓，受惊后即弹跳逃逸。老熟后在叶片上缀丝，倒悬化蛹。

3. 防治方法

①人工捕杀。摘除虫卵叶和虫蛹。②灯光诱杀。利用成虫趋光性，点灯诱杀成虫。③药剂防治。可结合茶园其他害虫防治时兼治，一般不需要专门防治。

（十二）扁刺蛾

扁刺蛾又名洋辣子，分布遍及全国，而以长江流域以南发生较多（见图5-20）。以幼虫取食叶片为害，造成茶叶减产。同时由于扁刺蛾幼虫虫体上长有毒毛，人体皮肤触及后引起红肿，妨碍茶叶采摘及田间管理工作。

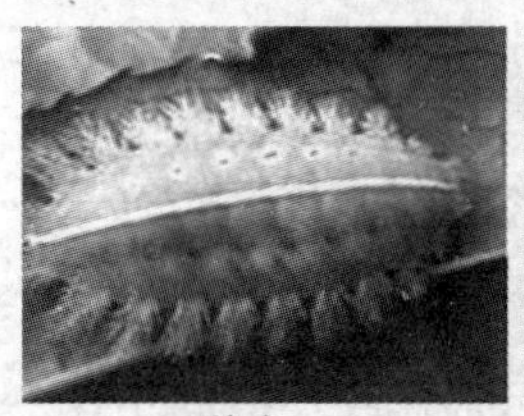
幼虫

雌成虫

雄成虫

图5-20　扁刺蛾

1. 形态特征

成虫为中型蛾子，体暗灰褐色，前翅灰褐色、稍带紫色，中室的前方有一明显的暗褐色斜纹，自前缘近顶角处向后缘斜伸。卵扁平光滑、椭圆形，初为淡黄绿色，孵化前呈灰褐色。

幼虫共6龄，体长可达21～26毫米。1龄幼虫体淡红色，扁平；2龄幼虫体绿色，较细，背线灰白色；3龄幼虫有较明显的灰白色背线；4龄幼虫背线白色，较宽；5龄幼虫在背线中部两侧出现1对红点；6龄幼虫虫体两侧出现一列细小红点。蛹长椭圆形，蛹茧卵形硬脆、淡黑褐色，形似茶籽。

2. 发生特点

扁刺蛾以老熟幼虫在茶树树干周围土中结茧越冬，一年发生2～3代。越冬幼虫4月中下旬化蛹，成虫5月中旬至6月初羽化。成虫羽化后即行交尾产卵，卵多散产于叶面。幼虫共8龄。初孵幼虫停息在卵壳附近，并不取食；第一次蜕皮后，先取食卵壳，再啃食叶肉，仅留1层表皮；自6龄起，取食全叶，老熟后即下树入土结茧。

3. 防治方法

①结合冬春茶园耕作，可清除部分越冬幼虫。②利用成虫趋光性，灯光诱蛾。③药剂防治。可结合茶园其他害虫的防治兼治，一般不需要专门防治。

（十三）红点龟形小刺蛾

红点龟形小刺蛾又名黑纹门刺蛾、小白刺蛾，主要分布在海南、广东、福建等产茶省（见图5-21）。以幼虫蚕食茶树叶片危害茶树，取食后叶片上呈斑驳透明枯斑或空洞状。

1. 形态特征

成虫体白色，前翅中部有一淡褐色云形斑纹，中室外有一深褐色斑纹，外缘灰褐色并排一列小黑点。卵扁平、椭圆形，光滑、透明、淡黄色，覆有胶膜。幼虫近龟形、黄绿至鲜绿色，体长8～9毫米，亚背线黄色，各节背线与侧线处有一暗色点，前胸红褐色，腹背中部两侧常有2～4对红点。蛹茧豆圆形、白或灰白色，坚硬，长5～6毫米，有白色或褐色条纹，中部暗褐色，一端有深褐色圈。

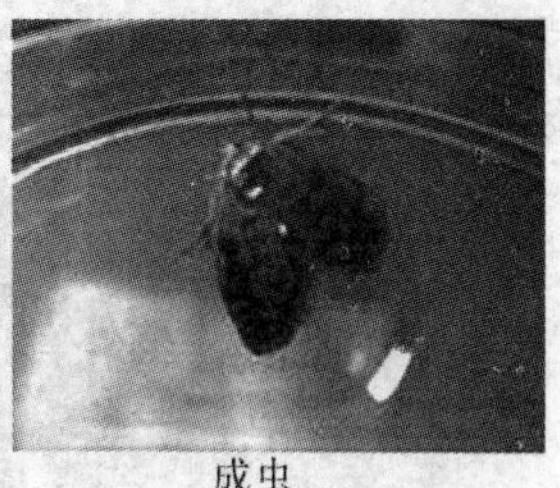

茧　　　　幼虫　　　　成虫

图 5-21　红点龟形小刺蛾

2. 发生特点

红点龟形小刺蛾以老熟幼虫在枝叶上结茧越冬，1 年发生 3 代。幼虫化蛹后，一般在 5 月下旬至 6 月上旬成虫羽化。成虫昼伏夜出，有趋光性，羽化后 1～2 天开始产卵，卵散产于叶背。低龄幼虫栖息于叶背取食叶肉，残留上表皮，形成带状或块状透明枯斑。3 龄后将叶尖、叶缘食成缺刻。老熟后多在叶背结茧化蛹。

3. 防治措施

可结合茶园其他害虫的防治进行兼治，一般不需要专门防治。

（十四）白痣姹刺蛾

白痣姹刺蛾又名胶刺蛾、茶透刺蛾、中点刺蛾，主要分布于福建、海南和云南等省，以幼虫蚕食茶树叶片危害茶树（见图 5-22）。

1. 形态特征

雄蛾体烟褐色，触角栉形，翅展 26～30 毫米，前翅中室下方有一黑褐色近梯形或梨形斑；雌蛾体褐黄色，触角线形，翅展 31～36 毫米，腹末两节背面具黑褐色毛，前翅中室下方褐斑较大，后方有一白点，斑上方于中室内有一小黑斑，横脉上黑点清晰。卵近长椭圆形、扁平，灰白半透明。幼虫椭圆而肥厚，体软光滑，无毒刺；体色淡黄，5龄后渐现蓝绿色光泽。蛹茧圆或长圆形，坚硬，茧外有一层白色粉状物。

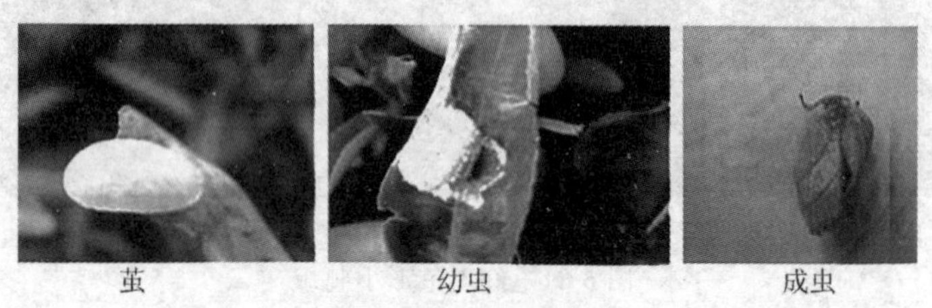

图5-22 白痣姹刺蛾

2. 发生特点

白痣姹刺蛾以老熟幼虫在茶丛叶层间叶面结茧越冬，1年发生4代。成虫多黄昏羽化，昼伏夜出，趋光性强。卵散产于茶树中下部成叶或老叶叶背。初孵幼虫在原产卵叶叶背取食叶肉，留下上表皮形成枯黄透明斑。幼虫蜕皮前常先迁至另一叶叶背，静息1～2天蜕皮后再取食。4、5龄食量渐增，自叶尖、叶缘蚕食，造成缺刻或留下叶基，甚至只剩下叶柄。老熟后移至茶丛上、中部叶层较密处，将两叶黏贴藏身，在内结茧或在叶面结茧化蛹。常年以第二代虫口发生较多，危害夏茶。

3. 防治措施

①冬季或早春，结合修剪清除虫茧。②天敌对其有一定的制约作用，主要天敌种类有中黄猎蝽、小茧蜂、姬蜂和核型多角体病毒等。③药剂防治可结合茶园其他害虫的防治进行兼治，一般不需专门防治。

（十五）丽绿刺蛾

丽绿刺蛾为杂食性食叶类害虫，在我国各茶区均有分布。以幼虫取食叶片为害茶树，影响茶树生长。同时由于丽绿刺蛾幼虫虫体上长有毒毛，人体皮肤触及后引起红肿，妨碍茶叶采摘及田间管理工作。

1. 形态特征

成虫为中型虫体，头顶、胸背绿色，胸背中央具1条褐色纵纹向后延伸至腹背，腹部背面黄褐色。雌蛾触角基部丝状，雄蛾双栉齿状。前翅绿色，肩角处有1块深褐色尖刀形基斑，外缘具深棕色宽带；后翅浅黄色，外缘带褐色。卵椭圆形，浅黄绿色，扁平光滑。幼虫体长可达25毫米，粉绿色，背面稍白，背中央具紫色或暗绿色带3条，亚背区、亚侧区上各具一列带短刺的瘤，前面和后面的瘤红色。蛹茧棕色，较扁平，椭圆或纺锤形(见图5-23)。

图5-23　丽绿刺蛾

2. 发生特点

丽绿刺蛾以老熟幼虫在枝干上结茧越冬，1年发生2代。成虫有趋光性，卵产于叶背上，十多粒或数十粒排列成鱼鳞状卵块，上覆一层浅黄色胶状物。幼虫共8～9龄，低龄幼虫群集性强，3、4龄开始分散，老熟幼虫在茶树中下部枝干上结茧化蛹。幼虫取食表皮或叶肉，常致叶片呈半透明枯黄色斑块；高龄幼虫食叶呈较平直缺刻。

3. 防治措施

可结合茶园其他害虫的防治进行兼治，一般不需单独防治。

二、吸汁类害虫

吸汁类害虫一般都具有刺吸式口器或锉吸式口器，以口针吸取茶树汁液，导致芽叶萎缩，叶片枯焦，影响茶树的生长和茶叶产量。其中以叶蝉类、粉虱类、蓟马类、蚧类、螨类等害虫(螨)较为常见。

(一)假眼小绿叶蝉

假眼小绿叶蝉是我国茶区分布最广、为害最重的一种茶树害虫(见图 5-24)。以成虫和若虫吸取汁液危害茶树，导致茶树芽叶失水、生长迟缓、焦边和焦叶，造成茶叶减产、品质下降。

成虫　　若虫

田间危害状

图 5-24　假眼小绿叶蝉

1. 形态特征

假眼小绿叶蝉是不完全变态昆虫，完成一个世代要经过成虫、卵、若虫3个阶段。成虫淡绿至黄绿色，体长3～4毫米，头前缘有一对绿色圈(假单眼)，复眼灰褐色。前翅淡黄绿色，前缘基部绿色，翅端微烟褐色，后翅无色透明。卵新月形，初产时乳白色，后渐变淡绿色。若虫共5龄，体长可达2.0～2.2毫米。1龄若虫体乳白色，复眼突出明显，头大，体纤细；2、3龄若虫体淡黄色，体节分明；4、5龄若虫体淡绿色，翅芽明显可见。若虫除翅尚未形成外，体形与体色与成虫相似。

2. 发生特点

假眼小绿叶蝉以成虫在茶树、杂草或其他作物上越冬，一年发生9～12代。翌年早春转暖时，成虫开始取食、补充营养，陆续孕卵和分批产卵。卵散产于茶树嫩茎皮层与木质部之间。若虫大多栖息在嫩叶背及嫩茎上，以嫩叶背居多，善爬行、跳跃、畏光，横行习性。各虫态混杂，世代重叠。时晴时雨、留养及杂草丛生的茶园有利于假眼小绿叶蝉的发生。

3. 防治方法

①分批、多次采摘。及时分批勤采，可随芽叶带走大量的卵和低龄若虫，控制该虫的危害。②光色诱杀。田间放置色板和安装诱虫灯，可诱杀成虫。③药剂防治。掌握虫情、适时喷药，药剂可选用25%吡虫啉可湿性粉剂1500～2000倍液、10%联苯菊酯水乳剂2000～3000倍液、15%茚虫威乳油3000倍液和24%溴虫腈悬浮剂2000倍液等。

(二)茶乌叶蝉

茶乌叶在我国少数茶区有分布，以成虫和若虫吸取汁液危害茶树(见图5-25)。

成虫

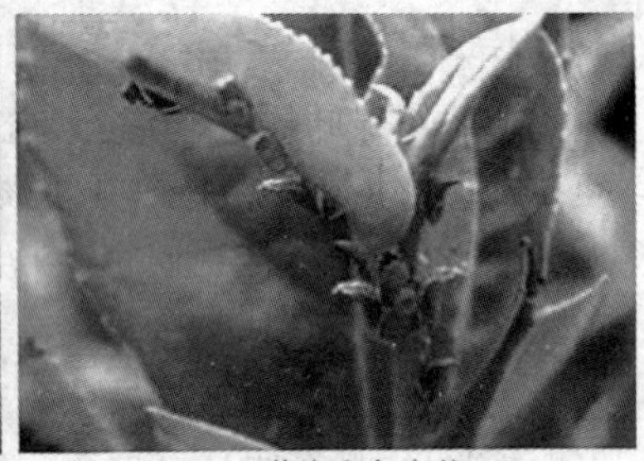
若虫和危害状

图 5-25　茶乌叶蝉

1. 形态特征

成虫淡灰色，前翅翅面不规则分布黑点。若虫尾上翘，常危害茶树嫩茎。

2. 发生特点

茶乌叶蝉零星发生在生产茶园中，尚未见对茶树有明显的影响，其发生特点有待进一步研究。

（三）大青叶蝉

大青叶蝉又称青叶跳蝉、青叶蝉、大绿浮尘子等，全国各产茶区均有零星分布。以成虫和若虫危害叶片，刺吸汁液，影响茶树的生长。

1. 形态特征

成虫为小型虫体，长 7～10 毫米，青绿色；头橙黄色，左右各具 1 小黑斑，单眼红色；前翅革质，绿色微带青蓝，端部色淡近半透明；前翅反面、后翅和腹背均黑色，腹部两侧和腹面橙黄色。卵长卵圆形，一端较尖，乳白至黄白色。若虫与成虫相似，共 5 龄，初龄灰白色；2 龄淡灰微带黄绿色；3 龄灰黄绿色，胸腹背面有 4 条褐色纵纹，出现翅芽；4、5 龄同 3 龄，老熟时体长 6～8 毫米。

2. 发生特点

大青叶蝉以卵于树木枝条表皮下越冬，1 年发生 3～4 代。成虫有趋光性，成虫、若虫日夜均可活动取食，卵产于茶树叶柄、主脉、枝条等组织内，排列整齐。各代虫态发生不整齐，世代重叠。

3. 防治方法

大青叶蝉一般零星发生，可结合其他害虫的防治进行兼治。

（四）可可广翅蜡蝉

可可广翅蜡蝉以若虫、成虫刺吸茶树嫩梢、叶片的汁液危害茶树，在广东、海南、湖南、浙江和江苏等茶区均有分布（见图 5-26）。

1. 形态特征

成虫为中小型虫体，翅展 16 毫米左右，背面黄褐色到褐色；头、胸及足黄褐色，额角黄色，头顶有 5 个并排的褐色圆斑，中胸背板色暗；前翅烟褐色，外缘略呈波状，前缘外 2/5 处有一黄褐色横纹分成 2～3 个小室，沿前缘至翅基有 10 多条黄褐色斜纹，外缘略呈波状，亚外缘线为黄褐色细纹，与外缘平行，顶角处有一隆起圆斑，翅面散生黄褐色横纹。若虫淡褐色，较狭长，胸背外露，有 4 条褐色纵纹，腹部披有白蜡，腹末呈羽状平展。卵近圆锥形，乳白色。

2. 发生特点

可可广翅蜡蝉以卵在茶树枝梢及茶园周边寄主的枝梢内越冬，1 年发生 2 代。成虫善飞行，喜群居，无趋光性，多静伏于新梢上刺吸为害。卵多产于茶丛中、下部新梢皮层内，卵的一端常作鱼鳍状突起外露，外被白色絮状分泌物。若虫共 5 龄，1、2 龄有群居习性，3 龄后则分散爬至上部嫩梢上为害。各龄均固定一处取食，每次脱皮前移至叶梢，脱皮后再迁回嫩茎上，并分泌白色絮状物覆盖虫体，体披蜡质丝状物，如同孔雀开屏，栖息处还常留下许多白色蜡丝。

3. 防治方法

①清园修剪。春季修剪、冬季清园，剪除带有卵块的茶树枝条。②色板诱杀。成虫发生期，可在田间放置黄色黏虫板，诱杀成虫。③药剂防治。一般可结合茶园其他害虫的防治进行兼治。

图 5-26　可可广翅蜡蝉

(五)眼纹疏广翅蜡蝉

眼纹疏广翅蜡蝉又称桑广翅蜡蝉、眼纹广翅蜡蝉，我国主要茶区均有分布(见图 5-27)。以若虫、成虫刺吸嫩梢、叶片的

汁液危害茶树，影响茶树生长。

图 5-27　眼纹疏广翅蜡蝉成虫

1. 形态特征

成虫翅展 16～20 毫米，头及前、中胸栗褐色，后胸、腹部腹面及足黄褐色；前翅无色透明，翅缘和中横带为粟褐色，周缘有栗褐色宽带，前缘带较宽并在中部和外侧有 2 处中断，中横带在中段围成眼环，外横线淡褐色，近翅基有一栗色小斑；后翅无色透明。若虫共 5 龄，体色呈淡兰色至淡黄绿色，腹部披有白色微天蓝色蜡丝，呈 12 束放射状，可覆盖整个虫体。卵椭圆形，初产时无色，后期渐变成白色至浅蓝色，近孵时为暗蓝色。卵块呈条状双行互生倾斜排列于嫩枝的组织内，上面覆盖着白色丝状物。

2. 发生特点

眼纹疏广翅蜡蝉以卵在嫩枝的组织内越冬，1 年发生1 代。若虫常群聚吸食茶树枝干汁液，受惊吓时会瞬间弹跳飞行。

3. 防治方法

①清园修剪。春季修剪、冬季清园，剪除带有卵块的茶树枝条。②色板诱杀。成虫发生期，可在田间放置黄色黏虫板，诱杀成虫。③药剂防治。一般可结合茶园其他害虫的防治进行兼治。

(六)茶蛾蜡蝉

茶蛾蜡弹又名碧蛾蜡蝉、绿蛾蜡蝉，在全国大部分产茶区有分布(见图 5-28)。以若虫、成虫刺吸嫩梢、叶片的汁液危害茶树，同时在茶树枝、茎上形成白色蜡质，影响茶树生长。

成虫

若虫和危害状

图 5-28 茶蛾蜡蝉

1. 形态特征

成虫为中小型虫体，顶短，向前略突；喙粗短，伸至中足基节；复眼黑褐色，单眼黄色；腹部浅黄褐色，覆白粉。前翅宽阔，外缘平直，翅脉黄色，脉纹密布似网状，红色细纹绕过顶角经外缘伸至后缘爪片末端；后翅灰白色，翅脉淡黄褐色。若虫体扁平、长形；腹末截形，绿色，被白蜡粉，腹末附白色长的绵状蜡丝。

2. 发生特点

茶蛾蜡蝉以卵或成虫越冬，1 年发生 2 代。卵多产在枯枝上。若虫常群聚吸食茶树枝干汁液，受惊吓时会瞬间弹跳飞行。

3. 防治方法

①清园修剪。春季修剪、冬季清园，剪除带有卵块的茶树枝条。②色板诱杀。成虫发生期，可在田间放置黄色黏虫板，诱杀成虫。③药剂防治。一般可结合茶园其他害虫的防治进行兼治。

（七）柿广翅蜡蝉

柿广翅蜡蝉在全国大部分产茶区有分布（见图 5-29）。以若虫、成虫刺吸嫩梢、叶片的汁液危害茶树，同时在茶树枝、茎上形成白色蜡质，影响茶树生长。

成虫　　若虫和危害状

图 5-29　柿广翅蜡蝉

1. 形态特征

成虫体长约 7 毫米，翅展约 22 毫米，体褐色至黑褐色，前翅宽大，外缘近顶角 1/3 处有一黄白色三角形斑，后翅褐色，半透明。若虫黄褐色，体被白色蜡质，腹末有蜡丝。

2. 发生特点

柿广翅蜡蝉在茶园中常有分布，对其发生特点有待进一步的研究。

3. 防治方法

①色板诱杀。成虫发生期，可在田间放置黄色黏虫板，诱杀成虫。②药剂防治。一般结合茶园其他害虫的防治进行兼治。

（八）缘纹广翅蜡蝉

缘纹广翅蜡蝉在全国大部分产茶区有分布（见图 5-30）。以若虫、成虫刺吸嫩梢和叶片的汁液危害茶树，影响茶树生长。

图 5-30　缘纹广翅蜡蝉成虫

1. 形态特征

成虫翅展 21 毫米左右，体褐色至深褐色；前翅深褐色，前缘有 1 个三角形透明斑，后缘则有一大一小 2 个不规则透明斑，翅缘散布细小的透明斑点；翅面散布白色蜡粉；后翅黑褐色半透明。

2. 发生特点

缘纹广翅蜡蝉多以卵在嫩梢内越冬，1 年发生 1～2 代。初孵若虫刺吸茶树嫩梢，并分泌蜡丝。6、7 月间成虫盛发，危害夏秋季嫩梢，并刺裂枝梢皮层产卵。

3. 防治方法

①色板诱杀。成虫发生期，可在田间放置黄色黏虫板，诱杀成虫。②药剂防治。一般结合茶园其他害虫的防治进行兼治。

（九）黑刺粉虱

黑刺粉虱是我国茶区发生范围较广的一种吸汁类茶树害虫，以幼虫刺吸成叶和老叶危害茶树，同时分泌蜜露，诱发煤病，影响茶叶产量和品质（见图 5-31）。

图 5-31　黑刺粉虱

1. 形态特征

黑刺粉虱为刺吸式口器、完全变态昆虫，完成一个世代需要经过成虫、卵、幼虫和蛹等 4 个阶段。成虫体橙黄至橙红色，体背有黑斑，前翅紫褐色，上有 7 个白斑，后翅淡褐色，静止时呈屋脊状。卵香蕉形，有一短柄与叶背相连，初产时乳白色，后渐变橙黄色至棕黄色，近孵化时紫褐色。幼虫扁平，椭圆形，共 3 龄。初孵幼虫淡黄色，后变黑色，体背有刺状物 6 对，背部有 2 条弯曲的白纵线。2 龄幼虫背部有刺状物10 对，3 龄幼虫体背隆起、有刺状物 14 对。蛹漆黑色而有光泽，四周敷白色水珠状蜡，背部刺状物雄虫 29 对、雌虫为 30 对。

2. 发生特点

黑刺粉虱以老熟幼虫在茶树叶背越冬，1 年发生 4 代。成虫飞翔力弱，有色趋性，喜栖息在茶树嫩芽叶上或嫩叶背，并吸取汁液补充营养。卵散产，常数粒至数10粒成簇产于叶背凹陷处。初孵幼虫能缓慢爬行，但很快就在卵壳附近固定危害，并在虫体四周分泌白色蜡质。幼虫老熟后即在原处化蛹。在茶丛中的虫口分布以中下部为多。幼虫除吸取汁液为害茶树外，还可排泄蜜露到叶片正面，利于霉菌的繁殖并覆盖整个叶片，影响茶树的光合作用，严重时整个茶园叶片变黑。茶树郁蔽、阴湿的茶园一般发生较重，窝风向阳洼地茶园中的虫口密度往往较大；寄生菌和寄生蜂的联合种群作用，对黑刺粉虱有控制作用。

3. 防治方法

①农业措施。修枝、整枝保持茶园良好的通风透光性，有利于控制黑刺粉虱的发生。②色板诱杀。在成虫发生期，田间放置黄色黏虫板，可诱杀成虫。③药剂防治。防治时间掌握在第一代卵孵化盛末期，采用侧位喷洒，药液重点喷至茶树中、下部叶片叶背。药剂可选用25%吡虫啉可湿性粉剂1500倍液、20%啶虫脒可湿性粉剂2000倍液和99%矿物油150～200倍液等。

（十）茶蚜

茶蚜又称茶二叉蚜，俗称蜜虫、油虫，在我国主要茶区均有分布（见图5-32）。以若蚜和成蚜聚集在新梢嫩叶背及嫩茎上刺吸汁液为害茶树，影响茶叶产量和品质。

1. 形态特征

有翅成蚜黑褐色，有光泽；前翅中脉二分叉，腹部背侧有4对黑斑。有翅若蚜棕褐色，翅芽乳白色。无翅成蚜近卵圆形，稍肥大，棕褐色，体表多细密淡黄色横列网纹。无翅若蚜浅棕色或淡黄色。卵长椭圆形，一端稍细，漆黑色而有光泽。

2. 发生特点

茶蚜一般以卵在茶树叶背越冬，在南方有时无明显的越冬

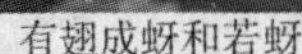

有翅成蚜和若蚜

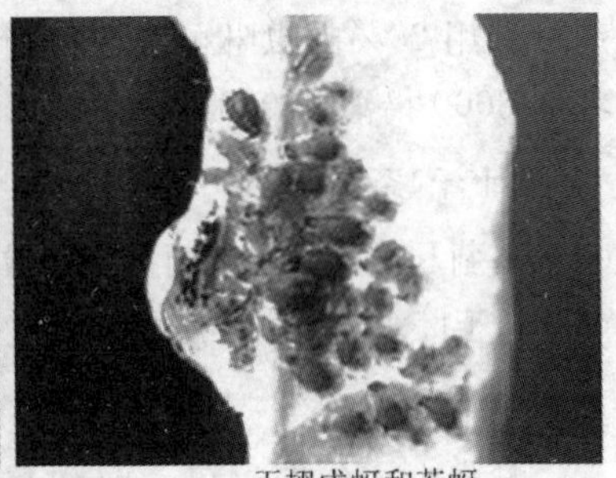

无翅成蚜和若蚜

危害状

图 5-32　茶蚜

现象，1 年发生 25 代以上。茶蚜一般孤雌生殖，繁殖速率快，趋嫩性强，常聚集于新梢叶背和嫩茎上刺吸汁液，以芽下第一、第二叶上的虫量最大。随着气温下降，以卵越冬的种群出现两性蚜，交配后产卵越冬。茶蚜除直接吸取汁液危害茶树外，还可分泌蜜露引发煤病，影响茶树叶片的光合作用。瓢虫、草蛉、食蚜蝇和蚜茧蜂等天敌对茶蚜种群有抑制作用。

3. 防治方法

①分批采摘。及时分批采摘可带走嫩叶上的蚜群。②色板诱杀。茶蚜对色泽有趋性，田间放置黄色黏虫板，可诱杀有翅成蚜。③药剂防治。部分茶蚜发生较重的茶园宜进行防治，药

剂可选用25%吡虫啉可湿性粉剂2000倍液、10%联苯菊酯水乳剂3000倍液和0.6%苦参碱水剂1000倍液等。

（十一）茶蓟马

茶蓟马又称棘皮茶蓟马，以成、若虫锉吸汁液危害茶树，主要分布于广东、海南、广西、贵州、浙江等省(区)(见图5-33)。

1. 形态特征

雌成虫体色黑褐色，前胸与头等长；翅窄微弯，后缘平直；前翅淡黑色，翅脉1条，翅中央靠基部一段有一白色透明带，合翅时能见背中有一黄白点。卵长椭圆形，乳白色，半透明。若虫共4龄，乳白色至橙红色，半透明，头扁而细长。

若虫

危害状

图5-33　茶蓟马

2. 发生特点

茶蓟马1年发生多代，世代重叠。成虫活动性较弱，受惊后会弹跳飞翔，白天在阳光照射下多栖息于茶树叶背荫蔽处。卵多散产于芽下第一片叶的表皮下叶肉内。若虫趋嫩性强、有群集性，常10多只至数10只聚集栖息于嫩叶叶背或叶面；预蛹(3龄)时停止取食，并沿枝干下爬至土表枯叶下或树干下部苔藓、地衣及茶丛内层形成虫苞化蛹。成虫和1、2龄若虫均锉吸茶树嫩叶的汁液，受害叶叶片失去光泽，变形、质脆，严重时芽叶停止生长，以至萎缩枯竭。高温对茶蓟马种群数量有明显的抑制作用。

3. 防治方法

①分批采摘。及时分批采摘可带走嫩叶上的虫群。②药剂防治。部分茶蓟马发生较重的茶园，可结合茶园其他害虫的防治进行兼治。

（十二）茶黄蓟马

茶黄蓟马主要分布在我国的中南和西南茶区，以若虫和成虫锉吸嫩叶汁液危害茶树，影响茶树芽叶的生长（见图 5-34）。

1. 形态特征

成虫为微小型虫体，橙黄色；翅 2 对，透明窄长，翅缘密生长毛。卵肾形，初期乳白色半透明，后变淡黄色。初孵若虫白色透明，复眼红色，触角粗短；2 龄若虫体淡黄至深黄色。前蛹（3 龄若虫）体黄色，复眼灰黑色，翅芽白色透明。蛹（4 龄若虫）体黄色，复眼前半部红色，后半部黑褐色，触角倒贴于头及前胸背面，翅芽伸达第四腹节（前期）至第八腹节（后期）。

图 5-34　茶黄蓟马若虫和危害状

2. 发生特点

茶黄蓟马一般以成虫在茶花中越冬，1 年发生 10～11 代。成虫活跃，受惊后能短距离飞迁，无趋光性，但对色泽趋性强，阳光下多栖于叶背和芽缝内。卵产于芽和嫩叶叶背表皮下，单粒散产。1、2 龄若虫大多栖息在嫩梢或嫩叶背，锉吸茶树汁液。受害叶片背面主脉两侧有 2 条或多条纵向内凹的红褐色条痕，条痕相应的叶正面略凸起，这是茶黄蓟马区别于其他蓟马的主要特征。严重时叶背呈现一片褐纹，芽梢出现萎缩，叶片向内纵卷，叶质僵硬变脆。一般留养不采茶园及幼龄茶园的发生重。

3. 防治方法

①分批及时采茶，可以带走在新梢上的卵和若虫。②药剂防治。部分茶黄蓟马发生较重的茶园，可结合茶园其他害虫的防治进行兼治。

(十三)茶角盲蝽

茶角盲蝽又称锤角盲蝽，主要分布于广东、广西、海南、云南、台湾等省(区)(见图 5-35)。以成、若虫刺吸危害茶树，致叶片畸形卷曲，影响茶树生长。

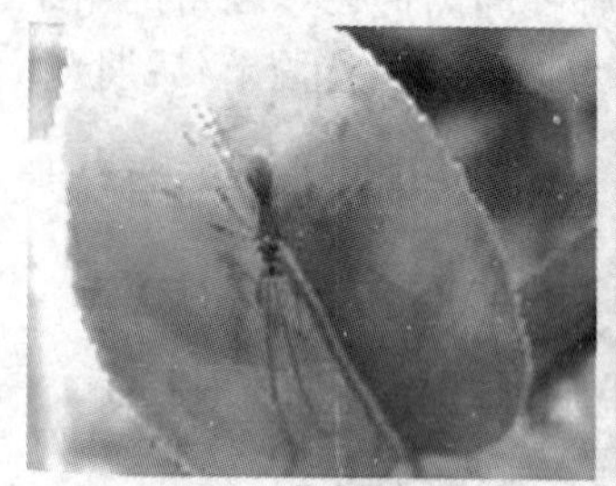

成虫

危害状

图 5-35　茶角盲蝽

1. 形态特征

成虫为小型虫体，长形，头部黑或橄榄绿色，胸部浅黄色和黑色，腹部黄色和绿黑色；前翅淡黄色，具虹彩；足土黄色，其上散生许多黑色点斑。卵近筒圆形，白色，卵盖两侧具一长一短呈白色的丝状附器。若虫共 5 龄。

2. 发生特点

茶角盲蝽 1 年发生 12 代左右，卵产于茶树嫩茎和叶柄表皮组织下。初孵若虫有群集性。

3. 防治措施

一般可结合茶园其他害虫的防治进行兼治。

（十四）绿盲蝽

绿盲蝽又称花叶虫、小臭虫等，以成、若虫刺吸茶树嫩叶为害茶树，分布于我国各产茶区（见图 5-36）。

图 5-36　绿盲蝽

1. 形态特征

成虫为小型昆虫，绿色，密被短毛；头部三角形，黄绿色，复眼黑色突出；触角丝状，较短；前胸背板深绿色；前翅膜片半透明暗灰色，余为绿色。卵黄绿色、长口袋形。若虫5龄，与成虫相似。初孵时绿色，2龄黄褐色，3龄出现翅芽，5龄后体鲜绿色、密被黑细毛。

2. 发生特点

绿盲蝽以卵在茶树枝条上越冬，1年发生5～8代。成、若虫趋嫩性强，生活隐蔽，爬行敏捷。晴天白天多隐匿于茶丛内，早晨、夜晚和阴雨天爬至芽叶上活动为害，刺吸芽内的汁液。被害幼芽呈现许多红点，而后变褐，成为黑褐色枯死斑点。芽叶伸展后，叶面呈现不规则的孔洞，叶缘残缺破烂。受害芽叶生长缓慢，叶质粗老，芽常呈钩状弯曲，影响茶叶产量和品质。目前发现的天敌主要有蜘蛛和小花蝽等。

3. 防治方法

①清园除草。结合茶园管理，春前清除杂草，修剪及时清理枝梢。②药剂防治。应掌握在越冬卵孵化高峰期，药剂可选用25％吡虫啉可湿性粉剂2000倍液、10％联苯菊酯水乳剂3000倍液和0.6％苦参碱水剂1000倍液等。

（十五）三点盲蝽

三点盲蝽以成、若虫刺吸茶树嫩叶汁液为害茶树，已知主要分布在北方茶区（见图5-37）。

1. 形态特征

成虫为小型虫体，体褐色至浅褐色，头较小，呈钝三角形，触角黄褐色；前胸背板紫色，有2个长形黑斑，小盾片黄绿色与前翅楔部黄绿色形成3个黄绿色斑点，故称三点盲蝽。卵略弯呈茄形、浅黄色，卵椭圆形、暗绿色。若虫黄绿色，体被黑色细毛。

2. 发生特点

三点盲蝽以卵和成虫在树皮内越冬，1年发生3代。成虫

均于夜间产卵，卵多产在叶柄与叶片相接处或叶柄及主脉附近，幼虫5龄。降雨偏多的年份发生严重，干旱年份危害轻。

3. 防治方法

一般可结合茶园其他害虫的防治进行兼治。

图5-37 点盲蝽成虫

(十六)茶叶瘿蚊

茶叶瘿蚊(学名待定)是近年来发现的一种茶树芽叶害虫，已知分布于浙江杭州、绍兴等茶区(见图5-38)。以幼虫在尚未展开的芽叶内吸汁为害，影响茶树芽叶生长和茶叶产量。

1. 形态特征

成虫为小型虫体，翅展约3.3毫米，两复眼黑而相连；触角念珠状，黑褐色，各节环生细毛；体暗绿色，中胸背略黑褐。腹部可见6节，各节背面有一黑褐色宽横带；翅透明，着生黑褐色毛；足细长，皆以跗节最长。卵细小，长椭圆形，半透明。幼虫蛆状，乳白色，老熟时体长约1.9毫米，体末有一对粗短突起。裸蛹，向后渐细，触角弯向后方。茧长形，灰至灰褐色。

2. 发生特点

茶叶瘿蚊年发生代数不详，至少2代。卵产于芽或芽旁嫩叶上，幼虫孵化后即侵入芽缝，在芽内叶面吸汁为害。受害芽叶面生长停滞，叶背继续生长，致叶面两侧向内紧卷呈条束

成虫

危害状

图 5-38 茶叶瘿蚊

状，芽梢生长停滞，严重时至芽叶枯焦，并从芽柄部脱落。一芽中常有一条至多条幼虫，当芽枯褐时则转至另一芽为害。幼虫老熟后爬出弹落坠地，潜入土中或落叶间结茧化蛹。遇不良环境，入土越夏、越冬，待适宜时才结茧化蛹。全年以春末夏初发生最重。一般留养、遮阴和山地茶园发生较多。

3. 防治方法

及时采摘可有效控制茶叶瘿蚊的危害，也可结合茶园其他害虫的防治进行兼治。

（十七）龟蜡蚧

龟蜡蚧又名日本蜡蚧，在中国茶区均有分布。以若虫刺吸茶树枝干汁液危害茶树，其排泄物还可诱发煤病，影响茶树生长和茶叶产量。

1. 形态特征

雌虫椭圆形，背覆白蜡壳，隆起似半球形，表面具龟甲状凹纹，边缘蜡层厚且弯卷成 8 块。雄虫体长 1～1.3 毫米，淡红至紫红色，触角丝状，翅 1 对白色透明，足细小。卵椭圆形，初淡橙黄色后紫红色。若虫椭圆形扁平，淡红褐色，触角和足发达；固定后开始分泌蜡丝，7～10 天形成蜡壳，周边有 12～15 个蜡角；后期蜡壳加厚，雌雄形态分化。雄蜡壳长椭圆形，周围有 13 个蜡角似星芒状。

蜡壳

危害状

图 5-39　龟蜡蚧

2. 发生特点

龟蜡蚧以受精雌虫在枝条上越冬，1 年发生 1 代。雌虫成熟后产卵于腹下，可行孤雌生殖。一般在 5 月中下旬为产卵盛期，卵期 10～24 天。初孵若虫多集于嫩枝、叶柄、叶面上刺吸茶树汁液，后陆续转移到枝干上固定为害，并分泌蜡丝形成蜡壳，至秋后越冬。

3. 防治方法

①人工除虫。可用人工剪除有虫枝或刷除虫体。②药剂防治。应掌握在初孵若虫期，药剂可采用 99％矿物油 100～150 倍液、10％联苯菊酯水乳剂 1500 倍液等。

（十八）角蜡蚧

角蜡蚧又称角蜡虫、白蜡蚧，我国产茶区均有不同程度的分布（见图 5-40）。以若虫和雌成虫刺吸茶树汁液，其排泄物还可诱发煤病，影响茶树的生长和茶叶产量。

1. 形态特征

雌成虫椭圆形，橙红色，腹面平，背隆起，蜡壳半球形、白色，前期背面有一圆锥状向前弯钩形蜡突，四周有 7 个凹陷处。雄成虫赤褐色，具 1 对半透明翅和 3 对胸足。卵椭圆形，肉红色，两端色较深，略带紫色。初孵若虫长椭圆形，橙红色，背隆起，蜡壳放射形；2 龄若虫肉红色，体背开始出现角状突起；3 龄雌若虫体色同 2 龄，体背角状突起向前倾。雄若虫蜡壳长椭园形，较扁平，四周有 15 个角状蜡突。

雌虫　　雄虫

危害状

图 5-40　角蜡蚧

2. 发生特点

角蜡蚧以低龄若虫在介壳中越冬，1 年发生 1 代。若虫在茶树上的分布，雄虫大多分布在叶面主脉两侧，雌虫则绝大部分寄生在茶树中上部枝干上。雌成虫经交配后，陆续孕卵，卵产于虫体腹面。初孵若虫固定后呈放射形泌蜡，共 15 个蜡角；2 龄若虫分泌椭圆形或圆形白色蜡质，并将 1 龄若虫的蜡壳抬高，在中央处分泌大量白色蜡质，堆积成角状突起；3 龄若虫蜡壳继续加厚，当出现弯钩状蜡角时，若虫已老熟即将蜕变成成虫。角蜡蚧的天敌种类主要有寄生蜂及啮齿类动物，对其种群有一定的控制作用。

3. 防治方法

①人工除虫。可用人工剪除有虫枝或刷除虫体。②药剂防治。应掌握在初孵若虫期，药剂可采用 99% 矿物油 100～150 倍液、10%联苯菊酯水乳剂 1500 倍液等。

(十九)草履蚧

草履蚧又名草鞋蚧、桑虱，主要发生在山东、浙江、湖南、云南、四川等茶区(见图 5-41)。以若虫和雌成虫吮吸茶树幼嫩部位汁液危害茶树，可影响茶树的生长和茶叶产量。

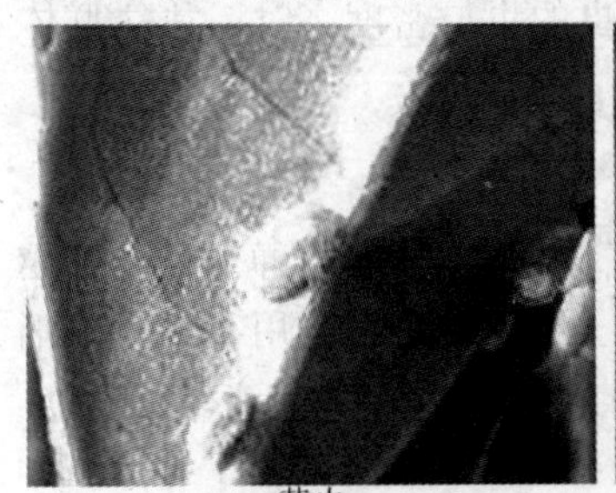

若虫　　雌成虫

蛹茧

图 5-41　草履蚧

1. 形态特征

雌成虫体扁、无翅，体长 8～10 毫米，背面棕褐色，腹面黄褐色，被一层霜状蜡粉，沿身体边缘分节较明显，呈草鞋底状。雄虫翅展约 10 毫米，体紫红色，头胸淡黑色，触角黑色、丝状；前翅淡紫黑色，半透明，翅脉 2 条；后翅为平衡棒，末端有 4 个曲钩。卵产于卵囊内，卵囊白色，棉絮状。若虫外形类似雌成虫，个体较小。雄蛹预蛹圆筒形，褐色；茧长椭圆形，白色棉絮状。

2. 发生特点

草履蚧以卵在泥土中越冬，1 年发生 1 代。初孵若虫出土后沿茎杆上爬至梢部、芽腋或初展新叶的叶腋刺吸为害。雌性若虫 3 次蜕皮后即变为雌成虫，自茎杆顶部开始向下爬行，经交配后钻入树干周围石块下、土缝等处，分泌白色绵状卵囊，将卵产在其中。草履蚧若虫、成虫的虫口密度高时，往往群体迁移，爬满附近墙面和地面。

3. 防治方法

①清园翻土。结合冬季清园，深翻土层，破坏草履蚧卵的越冬。②药剂防治。应掌握在若虫出土时，药剂可选用 99%矿物油 100～150 倍液、2.5%高效氯氟氰菊酯水乳剂 2000 倍液等。

三、钻蛀类和地下害虫

钻蛀类害虫主要有茶枝镰蛾、茶枝木囊蛾和茶天牛，地下害虫有金龟子类、地老虎和白蚁等。

（一）茶枝镰蛾

茶枝镰蛾又名茶蛀茎虫，俗称钻心虫、蛀心虫，我国主产茶区均有分布(见图 5-42)。以幼虫钻蛀茶树枝干为害，引起茶园局部枯枝，影响茶树生长。

1. 形态特征

成虫为中型虫体，雌蛾翅展 35 毫米左右，体、翅均浅茶褐色，触角丝状；前翅近长方形，沿前缘基部 2/5 至近顶角有 1 条土红色带，外缘灰黑，内方有大块土黄色斑，此斑纹内有近三角形黑褐斑，斑上有 3 条灰白色纹，近翅基部有红色斑块；后翅较宽，灰褐色。雄蛾体小，触角各节着生许多细毛。

图 5-42　茶枝镰蛾幼虫及危害状

卵为马齿形，浅黄色。幼虫体长可达 30～40 毫米，体瘦长。头部咖啡色，前胸、中胸背板黄褐色。前、中胸间背面有明显的乳白色肉瘤突出。后胸及腹部黄白色，略透淡红色。蛹长圆筒形，黄褐色。

2. 发生特点

茶枝镰蛾以老熟幼虫在枝干内越冬，1 年发生 1 代。成虫夜间活动，有趋光性。卵散产在嫩梢节间基部，每处 1 粒。幼虫孵化后，从枝梢端部蛀入，向下蛀食，3 龄后逐渐蛀食较大的侧枝、主干、根茎部；幼虫蛀食后被害状明显，蛀食 4～6 叶节时芽叶开始凋萎，蛀食 20～40 厘米时枝条凋萎枯死。小枝蛀道内壁光滑，仅留皮层，大枝上的蛀道内壁有许多近圆形的凹陷，幼虫在蛀道内一般均头部朝下。老熟幼虫化蛹前，多退回到中、下部主干上咬一个近圆形羽化孔，在蛀道内吐缀丝絮后化蛹。幼虫期长达 9 个月以上，一般 7 月上中旬幼虫盛孵期，8 月上中旬田间出现枯梢。

3. 防治方法

①剪除虫枝。在 8～9 月间发现细枝枯萎及虫粪时，立即摘除。②灯光诱蛾。利用成虫趋光性，在发蛾盛期点灯诱杀。

(二)茶枝木蠹蛾

茶枝木蠹蛾又名咖啡木蠹蛾，是茶树钻蛀害虫之一，在我国主要产茶区均有分布(见图 5-43)。以幼虫钻蛀茶树枝干为害，引起茶园枯梢，影响茶树生长。

图 5-43　茶枝木蠹蛾幼虫和排泄物

1. 形态特征

成虫为中型虫体，体长约如毫米，翅展 45 毫米，胸部背面有 3 对青蓝色点纹，翅灰白色，前翅散生蓝黑色斑点，后翅有青蓝色条纹。卵椭圆形，黄白色。幼虫体长可达 30～35 毫水，头部橙黄，体暗红色，体表多颗粒突起，各生有白色毛 1 根。蛹长筒形，红褐色。

2. 发生特点

茶枝木蠹蛾以幼虫在茶树等多种树木茎杆蛀道内越冬，1 年发生 1～2 代。幼虫蛀食茶树枝干，向下蛀成虫道，最终直达茎基。蛀道内壁光滑且多凹穴，直达枝干基部，枝干外常有 3～5 个排泄扎，零乱排列不齐，排泄孔外多粒状虫粪。幼虫有转梢危害的习性，可危害 2～3 年生枝条。

3. 防治方法

①剪除虫枝。在 8～9 月间发现细枝枯萎及虫粪时，立即摘除。②灯光诱蛾。利用成虫趋光性，在发蛾盛期点灯诱杀。

(三)黑翅土白蚁

黑翅土白蚁又名黑翅大白蚁、台湾黑翅白蚁，是茶树的蛀食根茎部害虫，在我国南方产茶区有分布(见图 5-44)。以蚁群取食

茶树根茎部树皮及浅木质层为害，影响茶树的树势和茶叶的产量。

兵蚁　蚁巢
危害状

图 5-44 黑翅土白蚁

1. 形态特征

黑翅土白蚁为社会性昆虫，同一蚁群中有兵蚁、工蚁和生殖蚁之分。卵为长椭圆形，乳白色。兵蚁无翅，头部深黄色，胸、腹部淡黄色。工蚁无翅，头部黄色，胸、腹部灰白色，足乳白色。蚁王为雄性生殖蚁，体较大，翅脱落。蚁后为雌性生殖蚁，翅脱落，腹部随年龄增长异常膨大，白色，有褐色斑块。有翅生殖蚁体长 12～15 毫米，翅长 20～25 毫米。

2. 发生特点

黑翅土白蚁具有群栖性。蚁后产的卵发育成幼蚁，幼蚁分化为生殖蚁、工蚁和兵蚁。兵蚁专施保卫蚁巢，工蚁担负筑巢、采食和抚育幼蚁等工作，生殖蚁逐渐生长成为有翅蚁。有翅蚁善飞行、有趋光性，羽化后飞到新的场所，即脱翅求偶，成对钻入地下筑新巢，成为新的蚁王或蚁后繁殖新蚁群。在新巢的成长过程中，不断发生结构上和位置上的变化，蚁巢腔室由小到大，由少到多。工蚁采食时在茶树树干外做泥被和泥线，形成大块蚁路，严重时泥被环绕整个树干而形成泥套，造成茶树长势衰退。

3. 防治方法

①诱饵诱杀。可在蚁群出没的区域埋放毒饵，任工蚁带回巢内毒杀蚁群。②挖除蚁巢。在白蚁危害区域寻找蚁路，挖掘蚁巢。③灯光诱杀。在繁殖蚁羽化盛期，在田间安装杀虫灯诱杀成虫。

（四）茶天牛

茶天牛又名楝树天牛，在我国产区分布广泛（见图 5-45）。以幼虫钻蛀枝干和根部危害茶树，严重时整株枯死。

1. 形态特征

成虫为中型甲虫，体长约 30 毫米，暗褐色，有光泽，生有褐色密短毛；头顶中央具一条纵脊；两复眼黑色，在头顶几乎相接；鞘翅上具浅褐色密集的绢丝状绒毛，绒毛具光泽，排列成不规则方形，似花纹。雌虫触角与体长近似，雄虫触角为体长的近 2 倍。卵长椭圆形，乳白色。幼虫体长可达 37～52 毫米，圆筒形，头浅黄色，胸部、腹部乳白色，前胸宽大，硬皮板前端生黄褐色斑块 4 个，后缘生有一字形纹 1 条，中胸、后胸、1～7 腹节背面中央生有肉瘤状凸起。蛹乳白色至浅赭色。

2. 发生特点

茶天牛以幼虫或成虫在茶树枝干或根内越冬，2 年或 2 年多发生一代。成虫羽化后在蛹室内越冬，翌年外出交尾。卵散产在茎皮裂缝或枝杈上。初孵幼虫蛀食皮下，1～2 天后进入木质部，再向下蛀成隧道至地下。老熟幼虫上升至地表 3～10 厘米的隧道里，形成长圆形石灰质茧，蜕皮后化蛹在茧

图 5-45　天牛

中。天牛钻蛀的茶树在根颈部留有细小排泄孔，孔外地面堆有虫粪。一般在山地茶园及老龄、树势弱的茶园危害重，根颈外露的老茶树受害重。

3. 防治方法

①灯光诱杀。成虫发生期用灯火诱杀成虫或于清晨人工捕捉。②灌注药剂。从排泄孔注入杀虫剂，再用泥巴封口，可毒杀幼虫。

（五）茶籽象甲

茶籽象甲又名油茶象甲，全国主产茶区均有分布(见图 5-46)。成虫以管状喙插入嫩梢或未成熟茶果危害茶树，造成被害梢凋萎或引起落果；幼虫则在茶果内蛀食果仁。

1. 形态特征

成虫中小型甲虫，体黑色，有时略带酱红色，背面被白色

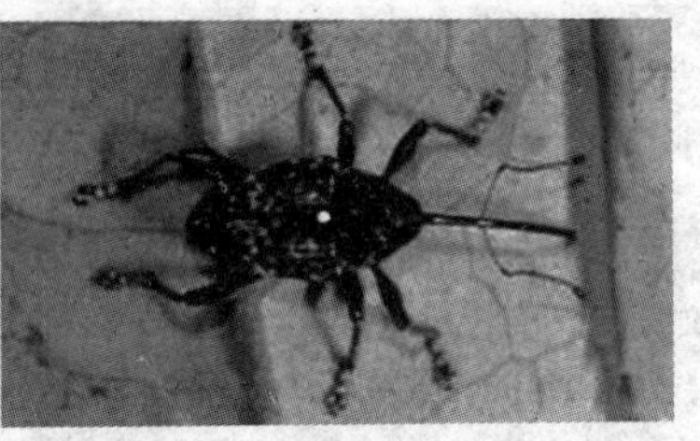

图 5-46 茶籽象甲成虫

和褐色鳞片，构成有规则的斑纹；触角膝形，端部3节膨大着生在近管状喙基部的1/2(雄)或1/3(雌)处；管状喙光滑，细长，向下弯曲；前胸背板近半球形，有浅茶褐色鳞毛和刻点；鞘翅三角形，有茶褐色、黑色和白色鳞毛组成的横带，每个鞘翅上有10条纵沟；各足腿节末端膨大，下方有1个齿状突起。卵长椭圆形，黄白色。幼虫长10～12毫米，体肥，多皱，背拱腹凹，略成“C”字形弯曲；足退化。蛹长椭圆形，黄白色。

2. 发生特点

茶籽象甲以幼虫和成虫在土中越冬，一般2年发生1代。成虫具有假死性、常躲在叶背和果底；取食时以管状喙插入嫩梢或未成熟茶果，将嫩梢表皮或茶果咬成孔洞，汲取汁液和组织。成虫产卵时用管状喙咬穿果皮，并钻成小孔后，再将产卵管插入种仁内产卵，每孔一粒。孵化后的幼虫在胚乳内生长，取食种仁，直至蛀空种子。老熟幼虫陆续出果入土越冬。

3. 防治方法

茶籽象甲为偶发性害虫，一般不需要进行专门防治。

(六)金龟甲类害虫

金龟甲是鞘翅目金龟总科昆虫的总称，又名金龟子，其幼虫称蛴螬，是主要的地下害虫之一(见图5-47)。茶园常见金龟甲主要有铜绿异丽金龟东北大黑鳃金龟和黑绒金龟等。以幼虫咬食茶树根系和成虫取食茶树叶片为害，可引起茶树苗枯或叶

片出现孔洞。

1. 形态特征

金龟甲多中型虫体，椭圆形；触角鳃叶状，末端3～5节膨大成片状，能自由张合；鞘翅多有金属光泽，不全盖没腹部；前足胫节扁而宽，适于掘土。幼虫蛴螬型，体白色至黄白色，腹部末端腹板宽大。

成虫

幼虫

图5-47　金龟甲

2. 发生特点

金龟甲以幼虫或成虫在土中越冬，1年发生1代。成虫白天潜伏于表土内，黄昏后出土活动，夜间交尾、取食，具趋光性和假死性。卵产于土中。幼虫3龄，终身土栖，咬食作物根系。

3. 防治方法

金龟甲在茶园为偶发性害虫，一般不需要进行专门防治。

(七)油茶宽盾蝽

油茶宽盾蝽又名茶籽盾蝽、油茶蝽，主要分布于我国南方产茶区(见图5-48)。以成、若虫刺吸茶树幼果为害，引起落果或茶籽秕瘪。

1. 形态特征

成虫中型虫体，椭圆宽扁，橙黄而多蓝色，具鲜艳金属光泽；触角蓝黑；体背橙黄，前胸背板前后缘两侧各有一深蓝

成虫

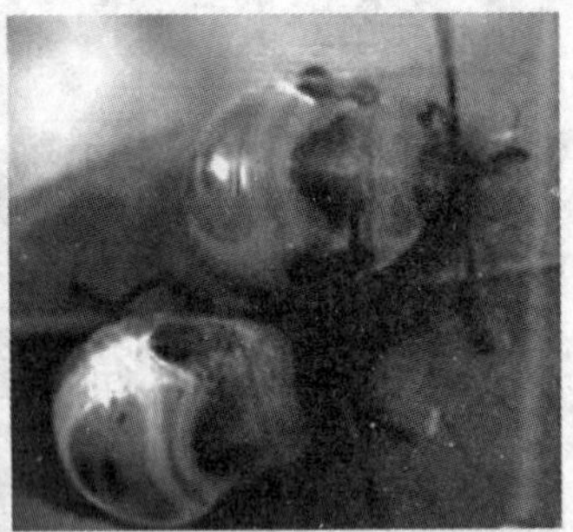
若虫

图 5-48　茶籽盾蝽

斑；小盾片满盖腹背，前缘中央有一倒“山”形大花斑，两肩角各有一小蓝斑，中后另有 4 个深蓝色花斑横列一排，中间 1 对较大而明显。若虫 5 龄，体长可达 15～17 毫米，橙黄，鲜艳；复眼及触角 2～5 节蓝黑，头及中、后胸背面倒“山”字形斑蓝色，有光泽；腹背中央现两横列蓝斑。

2. 发生特点

以老熟幼虫在茶丛中、下部叶背或根际枯草落叶下越冬，1 年发生 1 代。成虫羽化后先蛰伏再逐渐活动，略有假死性。卵分批成块、多产于枝叶繁茂的叶背。初孵若虫聚集原叶背刺吸茶树汁液，3 龄后分散取食幼果、花蕾。

3. 防治方法

油茶宽盾蝽在茶园为偶发性害虫，一般不需要进行专门防治。

模块六　优质茶叶加工技术

第一节　名优茶加工技术概述

采下的茶树鲜叶必须经过加工才能成为饮用的茶叶产品，所以茶叶加工环节在茶叶生产中非常重要，不仅影响茶叶品质的发挥，而且对茶叶的安全性指标影响甚大。

优质茶和名茶统称为名优茶。优质茶是茶叶中的优质产品，是在同类茶叶中品质上乘、有品牌、有产量的商品。名茶是在独特的生态环境条件、优良的茶树品种、精湛的采制工艺技术等综合因素相结合的条件下形成的具有品质优异、色香味俱佳、风格独特、有相当的产量、有一定的知名度、被国内外消费者所公认的商品茶，是茶叶中的珍品。

按照加工过程，茶叶加工技术可分为粗加工(初制)和精加工(精制)。鲜叶经粗加工成为毛茶，如红毛茶、绿毛茶等，毛茶经精加工成为精茶(成品茶)。另外，按照鲜叶加工方法的不同，又可分为杀青茶和萎凋茶两大类。根据氧化程度的轻重，杀青茶类可分为绿茶、黄茶和黑茶三类。根据萎凋程度的轻重，萎凋茶类可分为乌龙茶、红茶和白茶三类。

一、摊放

摊放是名优茶制作前鲜叶处理(轻度萎凋)的重要过程，主要有两个方面作用：一方面蒸发部分水分，使叶质变得柔软，易于在炒制过程中造型，同时由于水分蒸发，杀青锅温稳定，容易控制杀青质量，也节省人力和能源；另一方面鲜叶摊放过程中，随着水分的蒸发，会产生茶多酚轻度氧化、水浸出物和氨基酸增加、叶绿素减少等一系列的生物化学变化。这些变化可以改进干茶色泽、茶汤色香味及叶底等，显著提高名优茶的品质效果。

二、杀青

杀青是利用高温迅速破坏酶的活性，制止多酚类化合物的酶性氧化，以防止叶子红变，保持绿茶清汤叶绿的品质特征，是绿茶加工的第一道工序，同时具有散发水分、挥发青草气、增加香气、柔软叶质的作用。杀青温度、投叶量、杀青时间、杀青方法等是影响杀青质量的主要因素，这些因素之间互相制约、互相影响，只有配合适当才能达到充足、均匀的杀青目的。

杀青适度的标准：含水量60％左右；叶色由鲜绿变暗绿，叶表失去光泽；叶子柔软不黏手，手握芽叶成团，抛之即散；折梗不断，无红梗、红叶；青草气消失，清香显露。

三、萎凋

萎凋是制红茶和白茶的第一道工序。在萎凋过程中，鲜叶发生叶态萎缩、叶质变软、叶色变暗等物理变化。随着这些物理变化，叶细胞失水，细胞膜透性增大，酶活性增强，促进部分酶性氧化，蛋白质、淀粉、原果胶部分水解。氨基酸、单糖、水溶果胶以及芳香物质的变化，为茶叶外形和色香味的形成创造了条件，有利于红茶、白茶品质的形成。萎凋的主要工艺因素有温度、湿度、通风量和时间等。萎凋过程中的水分变化和化学变化与这些工艺因素有非常重要的关系。因此，为达到制茶品质的要求，各工艺因素之间必须协调配合。

萎凋方法主要有自然萎凋和人工控制萎凋两种。自然萎凋可分为室内自然萎凋和日光萎凋，人工控制萎凋又分为传统的

加温萎凋和萎凋槽萎调两种。室内自然萎凋是把鲜叶摊放在专门萎凋室内的萎凋上帘进行萎凋。日光萎凋是将鲜叶摊放在竹帘(竹垫)上，直接在日光下晒，借太阳光的热能促使鲜叶水分蒸发及叶内的化学变化，达到萎凋目的。传统的加温萎凋是在萎凋室内四周分放火盆，以提高室内温度的方法来加快鲜叶萎凋的速度，但往往因室温不均匀而影响萎凋叶质量。萎凋槽萎凋是将叶子摊放在萎凋槽内，采用鼓冷风进行自然萎凋，或采用鼓热风进行加温萎凋。目前，萎凋槽萎凋在生产上使用最广，具体使用方法如下。

(1)铺叶厚度。通常为15～20厘米，每平方米槽面大约可摊15千克鲜叶，每条槽可摊220～240千克鲜叶。

(2)控制温度和萎调时间。气温低、湿度大的情况下，可加温萎凋，温度要控制在35℃以内，掌握前高后低，萎凋结束前15～20分钟，不加温而吹冷风散热；气温达30℃以上、湿度小时，可以吹冷风萎凋。根据工艺要求，萎调时间通常为6～8小时。

(3)萎凋风量。在10米×1.5米的槽面上，需要萎凋的风量为每小时16000～20000立方米。风压为3.5～5.1千帕。

萎凋适度的叶片的特征是叶质柔软、叶面起皱纹、叶茎折不断、叶色暗绿而无光泽、青草气减少，具体可凭感官判断。经水分检验，适度萎凋的含水量因制作工艺不同而不同。一般情况下，工夫红茶为58%～64%(春茶为58%～61%，夏、秋茶为61%～64%)，红碎茶传统制法为61%～63%，转子机制法为59%～61%，CTC* 制法为68%～70%，LTP制法为68%～72%。

四、揉捻

揉捻是通过不同的方法，在力的作用下将萎凋叶或杀青叶

---

* CTC：Crush(压碎)、Tear(撕碎)、Crul(揉着)

塑造成各种特定的形状和内质的过程，对提高成品茶的品质具有重要的作用。手工揉捻或小型揉捻机揉捻是大多数名优茶常用的两种揉捻方法。由于外形和内质风格要求不同，各类名优茶的揉捻工艺有很大的差别，有的茶叶需揉捻，有的茶叶不经揉捻。以占名优茶比例较大的名优绿茶为例，除少数有独立的揉捻工序外，大部分都结合杀青、造型、干燥等作业，在适宜的温度条件下塑造出合乎规格品质要求的茶叶。在揉捻过程中，揉捻工艺的掌握必须根据鲜叶嫩度、制茶类型、叶量、时间、压力等因素而定，遵循“嫩叶轻揉，老叶重揉”“轻、重、轻”和“抖揉结合”的原则，以保证外形和内质达到特定的规格。特别是高档名优茶，操作不当极易产生外形走样、条形短碎、叶色发暗、白毫脱落等。揉捻适度的标准是芽叶完整，卷紧成条率达到80%，茶汁开始轻度外溢。

名优茶的揉捻(包括造型)没有统一固定的模式。为达到名优茶特定的品质要求，应随着叶片水分的变化、形状的形成和内质的要求，随时变换手法，控制揉捻的时间、压力等因素。

五、发酵

发酵是红茶形成色、香、味品质特征的关键性工序。茶叶发酵的进程是萎凋叶通过揉捻(揉切)力的作用，造成叶组织损伤，茶多酚与酶类相接触，在氧的参与下进行激烈的酶促氧化，形成黄色物质、红色物质和其他深色物质，其中黄色物质为茶黄素，红色物质为茶红素，具有红艳明亮的汤色和浓、强、鲜的滋味。茶黄素和茶红素的含量和比例是发酵程度的重要生化指标。

无论采用哪种发酵方法，都必须满足茶多酚的酶性氧化反应所需要的温度、湿度和氧气量，通常发酵最适温度为25～28℃，空气相对湿度为90%以上，耗氧量为4～5L/(kg·h)。目前，通气发酵设备在各地得到普遍应用，效果很好，能够控制发酵进程，提高红茶品质。发酵程度的掌握受内因和外因等

多种因素的影响，内因包括品种、嫩度、含水量、揉捻程度、叶片破碎度等，外因包括温度、湿度、通气量、摊叶厚度等。一般情况下，工夫红茶稍重，红碎茶稍轻；春茶稍重，夏秋茶稍轻。

观察叶色与嗅香气是检验发酵程度的主要方法，通常白天以看叶色为主，夜间以嗅香气为主，两者结合。发酵达到适度，立即上烘，固定品质。

六、做青

做青包括摇青和晾青两部分，是形成乌龙茶特有品质特征的关键，是奠定乌龙茶香气滋味的基础。做青的目的是使鲜叶的水分在萎凋过程中逐渐蒸发，控制生物化学变化，随着摇青过程，叶片互相碰撞摩擦，引起叶缘细胞部分组织损伤，使空气易于进入叶肉组织，促进茶多酚的氧化，从而引起复杂的化学变化，形成乌龙茶特有的汤色、香气和滋味。

做青时，必须使叶片的物理变化和化学变化得到均衡的发展，才能促使叶片中心为绿色、叶缘良好地发酵变红（通常称为绿叶红镶边）。通常在萎凋时是以物理变化为主，而化学变化是在摇青和晾青过程发生的。其主要表现为茎梗里的水分通过叶脉往叶片输送，梗里的香味物质随着水分向叶片转移，叶片水分继续蒸发，化学变化伴随着水分蒸发同时进行，绿色逐渐减退，边缘部位逐渐变红。经过4～5次摇青和晾青的交替进行，完成做青过程。

摇青应掌握的原则是循序渐进，转数由少到多，用力先轻后重，摇后摊叶先薄后厚。晾青时间先短后长，发酵程度由短渐长。可根据产地、品种、鲜叶、季节、气候、晒青程度等具体情况灵活掌握做青工艺。做青时最好保持温度在25℃左右、空气相对湿度80%左右。温度较高，做青时间要缩短。在高温高湿天气时要薄摊轻摇。对叶质肥厚、水分多的叶子，要多次轻摇。易红变的品种要少摇多晾。

茶农经验认为，做青的适宜程度可以通过“一摸、二看、三闻”来掌握。“一摸”是摸叶片，外观硬挺，柔软如棉，有温手感为适度；“二看”是看叶色，叶脉透明，叶缘及叶尖呈红色，叶表出现红点，整体叶色由鲜绿转为暗绿、黄绿、淡绿为适度；“三闻”是闻香气，在工艺过程中青草气逐渐消退，散发出浓郁的花香。

七、闷黄

闷黄在杀青之后进行，是形成黄茶品质的重要工序。由于各种黄茶有着不同的品质风格，进行闷黄的先后也有所不同，可分为两种：一种是湿坯闷黄，在杀青后或揉捻后进行；另一种是干坯闷黄，在初烘后进行。虽然各种黄茶堆积闷黄阶段先后不同，方式方法各不相同，时间长短不一，但都要达到茶黄汤、黄叶、香气清锐、滋味醇厚的效果。

闷黄过程中起主导作用的是在湿热作用下促进闷堆叶内的化学变化。主要的化学变化有：

(1)在湿热作用下分解和转化叶绿素，减少绿色物质，显露黄色物质；转化糖及氨基酸，增加挥发性醛类，形成黄茶芳香物质。

(2)茶多酚非酶性氧化，保存较多的可溶性多酚类化合物含量，提高茶叶的香气和滋味。在堆积闷黄的过程中，这些变化综合地形成了黄茶特有的色、香、味等品质特征。

八、干燥

在茶叶加工过程中，干燥是各类茶叶加工的最后一道工序，也是决定茶叶品质的重要因素之一，不容忽视。干燥作业的主要作用是除去茶叶中的水分，使茶叶含水量达到5%左右的标准；破坏酶的活性，制止酶性氧化的进行；随着水分的逐渐蒸发，增加茶叶湿坯的可塑性，从而利于塑造各类茶特定的外形；利用干燥的不同加热方法，促进叶内的热化学变化，使

茶叶产生香气，各类茶不同风格的香味也因此形成。

茶叶干燥的方法有很多种，炒干和烘干是目前主要的两种。炒干可分为锅炒炒干和滚筒炒干，烘干可分为烘笼烘干和烘干机烘干。种类不同的名优茶，采用的干燥方法也不相同。例如，红茶和烘青型的名优茶都是用烘干法，一般采用两次干燥，中间摊凉；炒青型的名优茶是在锅内同时进行造型和干燥，造型完成，则干燥结束；半烘炒的名优茶是用烘炒结合，通常是先炒后供，大都采用一次干燥。

温度、叶量、通风量、翻动等是茶叶干燥过程的主要工艺因素，其中温度是主要因素。为达到最佳的干燥效果，应合理调节各工艺因素之间的关系，可随着名优茶的种类、嫩度、叶量、含水量的变化而灵活掌握。通常情况下，温度先高后低，叶量先少后多。如果茶叶的含水量较高，则温度要高、叶量应少。

干燥应以适度为原则，如果干燥过度，容易出现泡点、高火味或焦味；反之，如果干燥不足，毛茶含水量过高，容易发霉变质。干燥一般标准：手握茶有沙沙声，用手指捏茶成粉末状，梗子一折就断，含水量掌握在4.5%～5.0%。为避免受潮，毛茶经干燥适当摊凉后，应及时装袋入库。

各类名优茶的加工工艺均是由各个工序经过合理组合而成，控制加工工艺中各工艺因素的指标，就形成了各类名优茶的独特的品质特征。

第二节 各类茶叶初制加工工艺

一、绿茶

绿茶，又称不发酵茶。因其干茶色泽和冲泡后的茶汤、叶底以绿色为主调而得名。

绿茶的初制加工是以适宜的茶树新梢为原料，经杀青、揉捻、干燥等工序而成。其中，杀青是关键的工序。鲜叶通过杀青，钝化酶的活性，使叶中内含的各种化学成分在没有酶影响的条件下，由热力作用进行物理、化学变化，从而形成绿茶的品质特征。

(一)杀青工艺的控制

杀青是保证和提高绿茶品质的关键性技术措施，除手工特种茶外，该过程均在杀青机中进行。因此，必须遵循以下三条原则。

(1)高温杀青，先高后低。名优茶的鲜叶嫩度好、水分含量多、酶活性强，因此杀青的温度要高，使叶温迅速达到75℃以上，以达到在短时间内钝化多酚氧化酶活性。在鲜叶下锅1～2分钟的杀青前期，茶叶大量吸收锅的热量，鲜叶水分汽化速度快，耗费的热量大，加上杀青时间短，所以要求高温杀青才能满足其热量要求。然而过高的温度，却很容易将叶子烧焦，杀青时间也必然过短，叶内其他物质的化学变化来不及完成，如蛋白质水解，淀粉水解等，一些有效成分也会受到损失。所以，“先高”并非越高越好。为利于叶内化学成分的有效转化，温度应以叶子的酶活性在2～3分钟之内被彻底钝化、不使叶子产生红变为宜。另外，对叶张肥大、叶质肥厚及雨露水叶等，温度可略高一些；对摊放时间长的及含水量少的夏茶叶子，温度应适当低一些。杀青后期，随着水分的蒸发及酶活性的降低，杀青温度应逐渐降低。因为杀青中后阶段，主要是继续散发青草气和蒸发水分，使杀青达到最适度的标准。假如温度太高，芽尖和叶缘容易炒焦，叶内可溶性糖类、游离氨基酸和咖啡因等有效成分也会受到损失，从而影响茶叶品质。

(2)抖闷结合，多抖少闷。这一原则主要是针对锅炒杀青而言的。抖炒和闷炒各有优缺点，必须灵活掌握。采用“抖闷结合”的杀青方法，可以有效地提高名优茶的杀青质量。在杀青过程中，抖闷结合必须根据鲜叶的质量灵活掌握，充分利用叶片水分汽化后的水蒸气提高叶温，优点是利于杀透、杀匀，

不出红梗、红叶。在闷炒时，温度要求高些，假如温度低必然时间长，不仅达不到闷的目的，而且会使叶片受蒸出现黄熟现象，香味低淡，影响茶叶质量。在抖炒时，锅温要适当低些，假如温度过高，杀青叶可能失水不匀，甚至产生焦叶现象。通常先抖炒 1 分钟，蒸发出一部分水分，再闷炒 2 分钟，然后抖炒至适度。如果全程抖炒，水分和青草气可较快挥发，对叶绿素的破坏较少，有利于茶叶品质的形成，但是容易形成杀青程度不匀。叶温不高，易产生红梗、红叶和失水不匀。就大多数的名优茶而言，用多抖少闷的杀青方法为宜。在杀青过程中，充分利用抖与闷的作用，合理地调节、控制叶片的变化，才能达到最好的杀青效果。

(3)嫩叶老杀，老叶嫩杀，掌握好杀青程度。除少数茶类外，名优茶的鲜叶通常都属于较嫩的鲜叶。对于水分含量高、酶活性强的嫩叶，杀青程度应适当偏重，这样揉捻时有利于卷紧成条；假如嫩叶杀青失水少，揉捻时易造成茶汁流失，芽叶断碎。而嫩度相对较差的老叶，应适当嫩杀，以保持叶面湿润，方便造型。原因是老叶含水量少，叶质较硬，杀青时如失水过多，叶质变得较硬，揉捻时难以成条，易断碎。在实际生产中，应根据鲜叶的质量、失水程度和叶质的变化灵活掌握杀青程度。从叶子黏性来看，嫩叶杀青后，黏性从最大开始下降，而老叶达到最大时为适度。

在杀青过程中，除上述三条原则外，还必须按照鲜叶情况和各种工艺要求采取相应的工艺措施，以获得最佳的杀青效果。

(二)揉捻工艺的控制

绿茶的揉捻工序有冷揉和热揉两种。冷揉是杀青叶经过摊凉后揉捻；热揉则是杀青后的鲜叶直接趁热进行揉捻，不经摊凉。一般情况下，嫩叶宜冷揉，以保持黄绿明亮的汤色和嫩绿的叶底；老叶宜热揉，以利于条索紧结，减少碎末。目前，除名茶仍采用手工揉捻外，大宗绿茶都已实现机械化揉捻作业。

(1)根据杀青叶温度高低，采用不同的“冷揉、温揉、热揉”的方法。冷揉适用于嫩叶，因为芽叶细嫩，含纤维素少，叶质软；同时含有较丰富的糖、果胶质、蛋白质等，增加了叶表物质的黏稠性，很容易揉紧条索，形成外形优美、色泽翠绿及高香清爽的品质特征。热揉仅适用于老叶，原因是老叶含水量低，纤维素含量高，角质层厚，叶片粗硬，只有杀青叶保持一定温度，当纤维素、角质层软化，叶黏性、韧性加大的时候，进行揉捻，才更易成条。温揉适用于中等嫩度及其以下的叶子，是一种兼顾形、质的做法，不仅有利于外形的形成，而且能够减少热揉时对茶叶内质的影响。

(2)外力大小的调节是揉捻环节的关键。茶条紧结、整碎程度直接受压力的大小影响。开始轻轻搓揉，使叶片沿着主脉卷曲；然后渐渐加重压力，使条索卷紧，茶汁溢出。为避免碎茶率过高，重压时间不宜过长。假如一开始就加重压力，往往造成叶片翻转困难，容易产生扁条、碎叶。假如轻揉后就加重压到底，也会导致揉捻不匀，茶条无法收紧，茶汁流失，产生扁条。因此，应遵循“轻—重—轻”的原则。

由于叶质不同，压力大小和时间长短的调节也有所不同。叶质柔软、角质层薄、纤维化程度较低的嫩叶，容易揉紧成条，必须掌握“轻压短揉”。如果“重压长揉”，即压力重、时间长，则很可能产生严重断碎现象，造成茶汁流失。对叶质粗硬、角质层较厚的老叶，应该“重压长揉”。对匀度较低的叶，应实行“解块筛分，分次揉捻”，以达到揉捻均匀的目的。

对那些特殊的杀青叶，如杀青不足、含水量高、叶质脆硬的叶，应采取“轻压”措施。重压会使其产生断碎，茶汁流失，影响茶汤浓度。又如杀青过度的叶子，由于含水量少、叶质脆硬，必须延长轻揉时间，使其慢慢卷曲，然后再逐步加重压力，挤出茶汁，使之揉卷成条，避免因过早加压而产生碎片。因此，这些特殊杀青叶的整个揉捻时间与正常杀青叶相比更长一些。

加压还要做到三点：

①重压通常以不影响叶子在揉桶里的正常翻转为原则，不宜过重，尽量避免叶子产生断碎。

②压力缓缓加重，使茶条渐渐收紧。假如突然加重压力，容易造成扁条和断碎。

③加压与松压结合。通常加压 5～10 分钟，松压一次 3～5 分钟，目的是达到理条、克服因加重压力翻转困难而产生的揉捻不匀现象。假如叶子的匀净度较低，在揉捻中必须采取“解块筛分、分次揉捻”的方法，以获得揉捻均匀的效果。

(3)揉捻要兼顾内质。揉捻叶由于细胞损伤，茶汁溢出与空气充分接触，使得多酚类进行非酶促氧化。揉捻过程中，随着叶子温度的升高，揉捻时间延长，氧化更加深刻。从而使茶汤向黄色方面转化，导致绿茶品质降低。因此，在揉捻过程中应尽量将揉捻室温度降低。在揉捻机的选用上，应选择散热性能好的产品，有效减少多酚类的自动氧化作用，形成绿茶应有的绿色。

(三)干燥工艺的控制

干燥的作用是蒸发水分，整理外形，充分发挥茶香。烘干、炒干和晒干是干燥的三种主要形式。根据干燥方式的不同，绿茶可分为烘青绿茶、炒青绿茶和晒青绿茶三类。烘青绿茶干燥的方式是全程烘干。现行的炒青绿茶干燥方式，大多数是先经过初烘，然后再上炒干机进行炒干。原因是揉捻后的叶子仍含有较高的水分，假如将揉捻叶直接炒干，容易在炒干机的锅内形成小团块，而且容易因茶汁黏结锅壁而产生老火气甚至焦气等。

在绿茶干燥环节，必须掌握“温度先高后低、高温快速烘湿坯和低温长炒足干”的原则，这对提高干燥质量有非常重要的作用。下面以长炒青绿茶为例做具体介绍，温度和作用于茶条上力的大小和方向是长炒青绿茶干燥的主要控制环节。

(1)“烘温坯”阶段。残余酶的活性被进一步破坏，多酚类的氧化受到制止。同时，水分在较高的温度下被大量蒸发，促进叶内化学变化，使茶条紧缩，固定揉捻叶呈条形。“烘湿坯”阶段的“高温”，通常掌握热风温度在120～130℃，温度过高则叶子水分过快汽化，表面很快干燥，梗脉水分来不及运输到叶面，结果形成“外干内涵”的现象，严重降低毛茶品质。但假如温度过低，在湿热的条件下，叶子叶绿素被大量破坏(干燥条件下少量破坏)，促进多酸类的氧化，低沸点芳香物质逸散受阻，从而导致叶色黄暗，香气低闷不爽，味涩，带水闷气。“烘湿坯”结束时，减重率最好在30%左右。

(2)“炒三青”阶段。干燥进入“炒三青”阶段，主要目的是做紧条索。因此，应降低温度。如果温度高，失水太快，对做形不利，容易产生焦斑焦点。当炒至叶子含水量降至20%左右时，出叶摊凉，待叶子回软。

(3)“炒足干”阶段。干燥进入“炒足干”阶段，继续蒸发多余水分，促进香气的发展，同时整理条形。此时，可继续降低温度，进行低温长炒。如果炒足干温度过高，上述弊端一样会出现。特别是干燥后期，假如温度高于80℃，会很快使叶色发黄，出现老火气，甚至焦气。当然温度也不能太低，否则不仅香气低闷不爽，同时也影响生产效率。

二、工夫红茶

工夫红茶初制工艺共分4个工序：萎凋、揉捻、发酵、干燥。

(一)萎凋工艺的控制

只有经过适度萎凋，才能获得优良的产品。可以说，萎凋是红茶制造的基础过程之一。

萎凋的特点是在一定温度条件下，鲜叶大量失水。但是在萎凋过程中，必须对失水速度做有效控制。萎凋适度的特征为萎凋叶折梗不断、手捏成团、松手不易弹散，具有一定的清

香，可通过感官判断。

(1)掌握好温度、湿度、通风条件、叶层的厚薄等。温度、湿度、通风条件、叶层的厚薄是影响萎凋失水速度的外在因素，其中温度是主要矛盾。在一定的温度范围内，空气相对湿度随温度的升高而降低，从而促进叶内水分蒸发。因此，无论生产中采用日光、室内加温、萎凋机等何种方式萎凋，都是通过加温的方式来提高水分的蒸发速度和增强酶的活化性能。气温在25℃左右时，日光萎凋可获得较理想的效果，因此，夏秋茶期间应在10：00时前或15：00时后进行日光萎凋。室内自然萎凋的最适温度在20～24℃；在低温高湿的情况下，进行加温萎凋，不仅可以提高萎凋质量，还能够提高生产效率，但温度最好在35℃以下，最高不超过38℃。否则，鲜叶失水太快，理化变化激烈进行，容易造成细嫩芽叶的萎凋不匀、过早红变等现象。为防止萎凋后期因温度太高而影响品质，必须遵循“先高后低”的原则来调节温度。

萎凋是水分蒸发的过程，一切物质变化均随着水分的变化而转化，而鲜叶水分的蒸发速度与空气相对湿度的高低成正比。一般萎凋最适的空气相对湿度在70%左右。

由于室内通风条件直接关系着室内温度和空气相对湿度，从而影响萎凋进程，并且萎凋时叶子呼吸作用需要氧气，因此，萎凋质量受室内通风条件的直接影响。在室内自然萎凋过程中，必须保持室内空气的流通，一般要求微风适量。采用萎凋槽萎凋时，应掌握风量“先大后小”的原则。

萎凋过程中，可通过调节摊叶厚薄对萎凋进程进行调节，但调节的幅度不可太大。

(2)合理控制失水量，掌握“嫩叶老萎凋”“老叶嫩萎凋”的原则。对于水分含量较高的嫩叶，适当地进行老萎，可以避免揉捻时茶汁的流失，同时增强酶的活性，对多酚类物质的氧化有利。水分含量较少的老叶叶质较硬，若失水过多则揉捻更为困难，而老叶轻萎凋有利于外形、内质的形成。萎凋适度的叶子，嫩叶减重率为30%～40%，老叶减重率为20%～30%。

（二）揉捻工艺的控制

揉捻的目的是使叶卷成条，使毛茶外形紧结美观，破坏叶细胞，便于发酵，便于冲泡时使可溶物溶于茶汤，使茶汤浓度增加。揉捻适当与否，很大程度上决定着毛茶外形的好坏，并对内质有着重要影响。与绿茶相比，工夫红茶的揉捻加压较重，时间较长，揉捻要求程度较充分。一般情况下，细嫩叶分1～2次揉，较粗老鲜叶分2～3次揉，每次揉45分钟左右。

工夫红茶揉捻适度应条索紧结，成条率达80%～90%；细胞汁大量流出，局部揉捻叶泛红，并发出较浓烈的清香；保持叶片完整，细胞破坏率高达70%～80%。

工夫红茶揉捻环节的控制与绿茶大体相同，即主要掌握“揉捻加压轻—重—轻；嫩叶轻压短揉，老叶重压长揉；解块筛分、分次揉捻”等原则。

另外，对特殊萎凋叶的压力控制应引起重视。例如，对于萎凋不足的或芽毫多的原料，要适当轻压，以减少断碎；对于萎凋稍过度的，应适当重压，以便于后期发酵。

（三）发酵工艺的控制

发酵是红茶制作及影响红茶品质优劣的关键工序，是以绿叶红变为主要特征的生化过程。发酵的作用是增强酶的活性，促进多酚类物质氧化，最终形成红茶特有的颜色和滋味，并使其散发青气，形成浓郁的香气。因此，必须正确而适时地掌握发酵的程度。

发酵是在发酵室进行，首先洗净发酵竹匾或筐，然后将揉好茶分批摊在匾内或框内进行发酵。摊叶厚度4～10厘米（一号茶4厘米，二号茶6～8厘米，三号茶8～10厘米），一般掌握“细嫩茶宜薄、粗老茶宜厚，春茶宜厚，夏秋茶宜薄”的原则。摊凉时不必加压，发酵中不需翻拌，保持疏松通气。一般情况下，春茶发酵时间为3～5个小时，夏秋茶为1～2个

小时。

工夫红茶发酵适度的感官特征是叶脉及汁液泛红，叶色基本上变为铜红色，青气消失，发出浓厚的苹果香气。由于季节和鲜叶老嫩不同，颜色深浅也略有差异，春茶及嫩叶通常红中透黄、呈新铜红色，夏秋茶及老叶则呈紫铜色。

春茶气温低，发酵必须充分；夏秋气温高，发酵叶达到70％泛红时就可以上烘，原因是发酵在干燥的前一阶段仍继续进行，假如等发酵充足时再干燥，很可能造成发酵过度。

创造有利于发酵正常进行的环境非常重要。在发酵过程中，环境条件对多酸类化合物的氧化缩合和其他成分的深刻变化有特别大的影响，主要指温度、湿度和氧气三个因素。

温度是影响发酵作用的首要条件。假如温度过高，会使多酚类化合物迅速而大量的氧化缩合，结果造成茶汤滋味淡，水色浅，叶底红暗。相反，温度低于 20℃，酶活性很弱，氧化反应速度缓慢，发酵很难进行。因此，发酵室温度最好控制在22～24℃，最高不可超过 28℃，以使发酵顺利地进行，并减少有效成分的损失。假如发酵室内温度过高或过低，必须人工加以调节。发酵叶的温度一般比室温高 2～6℃。

发酵能否顺利进行的关键在于湿度的控制。只有发酵叶保持一定的含水量，才有利于发酵正常进行。假如空气干燥，湿度太低，发酵叶水分蒸发快，常常造成理化失调，而出现乌条、花青等发酵不均匀的现象。为保持发酵室相对湿度在95％～98％，应在发酵室内装置喷雾设施。其作用是夏天用冷水喷雾，气温低时通入热蒸汽，以提高发酵室的温湿度。采取发酵室地面洒水、发酵盘上盖湿布等方法，也可以有效达到保湿的目的。

由于只有在空气流动、供氧充足的情况下，发酵过程中的酶促和非酶促作用才能正常进行。因此，供氧充足是发酵有效进行的前提条件。为保证叶子在发酵时有良好供氧状态，首先必须保持发酵室内的空气流动，清洁新鲜，供氧充足；其次是掌握好发酵叶的摊放厚度，遵循“老叶适当摊厚，嫩叶适当摊薄”的原则。原因是老叶通常叶层疏松，有较好的透气性，可适当摊厚；嫩叶一般叶层较紧密，适当摊薄既可以使发酵正常，又能够提高工作效率。

（四）干燥工艺的控制

干燥是红茶初制的最后一道工序，也是固定和发展工夫红茶品质的过程。干燥的作用有三个：一是制止酶的活性，停止酶促氧化；二是蒸发水分，使毛茶充分干燥，紧缩茶条，防止霉变，方便储藏与运输；三是散发青草气，发展茶香。恰到好处的干燥技术可以使前几个工序的优点得以巩固和发展，进而提高成茶品质。假如技术不当或失误，很可能前功尽弃。

工夫红茶的干燥通常使用毛火、足火两步烘干法进行，中间还需经过摊凉。“高温烘干，先高后低”是技术上应掌握的总体原则。“先高”指毛火温度要高，作用是利用高温破坏酶的活性，终止发酵，达到固定发酵过程中形成的色香味的目的。在烘干开始时，叶温从发酵叶 20～30℃上升至足以钝化酶活性的 70℃以上，需要一个过程。而发酵在这一过程中仍继续进行，为使其尽量缩短，必须要有较高的毛火温度。同时，烘干的叶层要薄。然而温度也不能过高，不然会过多地挥发散失叶内芳香物质，使咖啡因升华，并产生外干内湿的现象。毛火后，应对叶子进行适当的摊凉，使叶内水分重新分布，然后进行足火。毛火后适宜程度的叶子用手捏稍感刺手，但叶子尚软、折而不断。紧握茶叶放手即能松散，此时叶子含水量约 20%。

“后低”，指在足火阶段的烘温应相对低一些。继续蒸发多余的水分和进一步发展香气，是这一时期干燥的主要任务。如果温度过高，容易产生外干内湿和香气低短的现象，不利于叶内水分的均匀蒸发和香气物质的形成。因此，足火阶段的烘温应低一些。同时，叶层也应相对厚一些。足火后，充分干燥的茶叶用手一揉即成粉末。可以闻到茶香，条索紧结。色泽乌润

或红褐色(老叶)，含水量4%～6%。

三、乌龙茶

各地在乌龙茶初制工序的具体安排上没有太大的不同，概括起来可分为：萎凋、做青、炒青(杀青)、揉捻、干燥。初制过程中水分的减少所伴随的变化及加工技术措施的合理掌握与乌龙茶品质的形成有着密切的关系。现将各环节的控制分述如下。

(一)萎凋工艺的控制

乌龙茶区所指的凉青、晒青即是萎凋。通过萎凋使部分水分散发，叶子韧性提高，便于后续工序进行；同时酶的活性伴随着失水过程而增强，散发部分青草气，有利于香气透露。萎凋方式包括日光萎凋、室内自然萎凋、加温萎凋和人控条件萎凋等。

乌龙茶萎凋与红茶的萎凋不同。红茶萎凋不但失水程度大，而且分开进行萎凋、揉捻、发酵等工序。乌龙茶的萎凋则不与发酵工序分开，而是二者相互配合进行。通过萎凋过程中的水分变化，控制叶片内物质适度转化，达到适宜的发酵程度。

晒青，即日光萎凋，是利用光能热量使鲜叶适度失水，促进酶的活化，对乌龙茶香气的形成和青草气的去除有着良好的作用。根据具体情况，晒青可设晒青架，或设竹筛(俗称"水筛")、竹席，或用水泥地，然后将鲜叶均匀地摊放在上面，厚度以叶片不相重叠为宜。晒青时间短则10分钟，长则1小时左右。晒青过程中，应对叶子适当地进行翻拌1～2次。晒青适度标准为叶片失去光泽，叶色较暗绿，顶叶下垂，梗弯而不断，手捏略感弹性。

凉青是室内自然萎凋的方式之一，通常并不单独进行，而是与晒青相结合。它的主要作用有三个：一是使鲜叶热气散发，重新分布叶梗内水分，恢复到接近晒青前的状态，俗称"回阳"或"还阳"，保持新鲜度；二是通过晒青水分蒸发的速度，调节晒青时间，对保持晒青质量有利，方便连续制茶；三是起补足晒青时叶子失水程度不足的作用。凉青适度的标准是嫩梗青绿、叶态恢复到接近晒青前的状态。

阴雨天或傍晚采回的鲜叶，由于晒青无法进行，在此情况下可以采用加温萎调，俗称“熏青”或“烘青”。加温萎凋方式有两种：一是萎凋槽内用鼓风机送入风温在38℃以下的热风，风量宜大，叶温最好不超过30℃，摊叶厚度为15～20厘米，时间约1小时，并每隔10～15分钟翻动一次；二是烘青房内上层铺设有孔竹席，每平方米摊叶2～2.5千克，温度不超过38℃，需1.5～2.5小时，期间进行1～2次翻动。具体烘青时间应根据摊叶厚度和温度等情况灵活掌握。

不同产区、不同偏重的鲜叶，萎凋程度也有所不同。例如，闽南乌龙茶较轻(通常减重10%左右)，闽北乌龙茶较重(减重10%～15%)。

萎凋是乌龙茶初制的重要措施之一，对乌龙茶香气和滋味的形成有重要的作用。晒青是乌龙茶萎凋工艺的一大特点，操作者一般要求做到以下几点。

(1)晒青的时间与场所应选择好。宜在日光缓弱斜射，场地通风的环境下进行。不宜在烈日下晒青，以防日光灼伤鲜叶而发生红变和死青。晒青时，鲜味应均匀薄摊。

上午采回的“露水青”鲜叶，宜在10∶00时左右进厂凉青，直至叶表新鲜而无水分。等至15∶00时左右晒青，或者与下午所采的鲜叶一起晒青。下午采回的鲜叶，晒青要在凉青散热后再进行。16∶00时以后采回的“晚青”鲜叶，假如当天无法晒青，可通过凉青后直接进行摇青。

(2)看天晒青。即应根据季节、天气等不同情况决定晒青的时间和程度。春茶期间由于气温较低，鲜叶含水量较高，晒青时间应比夏、暑茶略长。平原炎热地区，夏、暑茶鲜叶进厂时，假如叶片失水率已达加工要求，不可晒青或以凉青代晒。干燥的“北风天”，晒青程度宜重；闷热的“南风天”，晒青程度应轻。

(3)看种晒青。即应根据不同茶树品种的物理特性决定晒

青的时间和程度。叶子肥厚的品种，适宜重晒；“黄校”、“奇兰”等叶子较薄的品种，适宜轻晒。武夷岩茶宜采用“二晒二凉”，如“肉桂”品种。

(4)看数量晒青。为方便后续工序的进行，当天第一批原料一般晒青较短，第二批稍长，第三批更长，以调节几批鲜叶含水量的失水程度，使其含水量相近。

除上述以外，在萎凋工艺中还要掌握好以下两个方面。

第一，在萎凋和晒青过程中，翻拌鲜叶的动作要轻，以防叶面被机械损伤而导致水分渗透的通道中断。

第二，萎凋程度宜轻勿重。萎凋过度，鲜叶失水过度叶子紧贴筛面，部分幼芽叶泛红起皱，成茶青条多，味苦涩、色、香、味、汤等品质特性较差。

(二)做青工艺的控制

做青又称摇青，是形成乌龙茶特殊的香气和绿叶红镶边的重要工序。传统做法均用竹制圆筛手工摇青，闽北、闽南分别以水筛和摇青筛为手工摇青工具，水筛每次可摇叶 0.5～1.0 千克，摇青筛每次可摇叶 4～5 千克；现在大多用单筒或双筒滚筒摇青机或综合做青机。做青时，将经晒青的鲜叶放在摇青机(或筛)中，进行第一次摇；摇动一定的次数后，把鲜叶摊放在凉青架凉青，静置一定的时间后，进行第二次摇。如此反复摇青 4～5 次不等，逐次增加每次摇的转数、静置时间和摊叶厚度。摇动时，叶缘细胞因叶片互相碰撞而擦伤，从而促进酶促氧化作用。摇动后，叶片由软变硬。再摊晾一段时间，氧化作用相对放缓，叶柄叶脉中的水分慢慢扩散至叶片，使鲜叶又逐渐膨胀，恢复弹性。经过这样有规律的几次动与静的过程，一系列生物化学变化在叶子内发生：叶缘细胞被破坏，发生轻度氧化，叶片边缘部分呈现红色，中央部分的叶色则由暗绿转变为黄绿，形成所谓的“绿叶红镶边”。同时，随着叶面水分的蒸发和运转，梗脉中的水分和水溶性物质在输导组织的帮助下渗透、运转至叶面，水分从叶面蒸发，而水溶性物质则积累在叶片内，促进香气、滋味的进一步发展。摇青操作时，应掌握好以下几点。

(1)控制好摇青过程中的环境条件。摇青应在特设的摇青室内进行。摇青室内应避免阳光直射，保持空气相对静止，温度、湿度均控制在一定范围内。在生产实际中，如果温度低于20℃时就要采取加温措施，湿度低于80%时就要洒水增湿。假如温度过低，容易造成做青不均匀、叶底发暗，而无法达到乌龙茶的红边要求。但温、湿度也不能过高，否则多酚类化合物氧化太快而无法除尽水分，芳香物质不能随水分扩散而挥发，青草气尚留，碳水化合物也不能转化达到理想的程度，叶绿素达不到足够的破坏程度，即无法控制各种化学成分发生协调的变化，导致成品茶叶增多，叶底暗绿，香气不高而带有青味，汤色红浊，滋味苦涩。

(2)摇青要“循序渐进”。转数渐渐增多，用力渐渐加重，摇后摊叶厚度渐渐加厚，晾青时间渐渐增长，发酵程度渐渐加深。在历时8～10小时的时间内，有控制地进行。例如，第一次摇90～120转，第二次摇200～250转，第三次摇400～600转，第四次摇500～800转。第一次摊晾时间约1.5小时，第二次摊晾时间2～2.5小时，第三次摊晾时间3～4小时，第四次摊晾时间4～5小时。

(3)掌握“看青摇青”的原则。即根据产地的品质要求、茶树品种、季节、晒青程度等具体情况灵活掌握。

①根据产地和品质要求。闽北乌龙茶摇次多，转数少，转数每次差距较小。闽南乌龙茶摇次少，转数多，转数每次差距较大，成倍增加。我国台湾包种茶通过搅拌起摇青的作用，以双手微力翻动鲜叶，使鲜叶相互碰撞摩擦。台湾乌龙茶的搅拌方法，理论上和包种茶相同，只有搅拌次数和力量比包种茶多且重。

②根据茶树品种。“铁观音”、“本山”等叶片肥厚的品种，应多摇，轻摇；“黄枝”等叶片薄的品种，应少凉，多摇，轻摇；“水

仙”、“梅占”等青味重、易变红的品种，应少摇，多凉。

③根据鲜叶嫩度。较幼嫩鲜叶的含水分多，晒青程度宜重，摇青转数宜少。较粗老的鲜叶，晒青程度宜轻，摇青转数宜多。

④根据晒青程度。通常以“轻晒重摇”和“重晒轻摇”为原则。鲜叶晒青程度不足时，应少摇青次数，增加摇青转数，延长摇青间隔时间。对于晒青程度较足的鲜叶，为避免出现红梗红叶，第一次摇青转数宜少。

⑤根据季节和天气状况。气温低、湿度大的春茶期间，宜摇重些；气温高的夏、暑茶期间，宜摇轻些。

此外，摇青时动作要轻，以免造成叶脉折断，水分及干物质的运输受阻，从而使折断处多酚化合物先期氧化，形成不规则的红变，影响成茶品质。

（三）炒青工艺的控制

炒青(杀青)的功用与绿茶的杀青一样，主要是抑制鲜叶中酶的活性，控制氧化进程，防止叶子继续红变，固定做青形成的品质，是乌龙茶初制的一项转折性工序。其次，将低沸点青草气物质挥发和转化，形成馥郁的茶香。在此过程中，部分叶绿素被湿热作用破坏，叶片黄绿而亮。同时可造成一部分水分挥发，使叶子柔软，便于揉捻。

炒青锅配以炒茶刀等器具进行炒青是乌龙茶传统的炒青方法，后来改为手摇锅式杀青机具，有单锅、双锅、三锅杀青机，现在通常使用滚筒式杀青机或电磁内热杀青机。由于做青叶中的含水率相对较低，炒青时间通常为5～7分钟。乌龙茶炒青适度的标准是，叶子含水量64％～65％，叶面略皱，叶缘卷曲，叶梗柔软，手捏有黏性而无光泽，叶色黄绿，青气消失，散发清香。

（四）揉捻工艺的控制

揉捻即趁热反复地搓揉炒青后的叶子，使叶片由片状而卷成条索，形成乌龙茶所需要的外形。同时，破碎叶细胞，挤出茶汁，黏附叶表，使冲泡时易溶于水，以增浓茶汤。用揉捻机揉捻，时间为8分钟左右。在揉捻过程中，加压应“轻、重、轻”。揉好的叶子要及时烘焙，假如来不及烘焙，应摊晾而不宜堆积。特别是夏、暑茶，如果堆积过久，容易闷黄。

因为乌龙茶初制的揉捻是趁热揉捻，所以在手工揉捻时，闽北乌龙茶实行炒揉交替，即“二炒二揉”；闽南乌龙茶采取揉捻与烘焙交替，即“三焙三炒”。闽南乌龙茶采用包揉方式，在杀青后进行初揉、初焙、初包揉、复焙、复包揉，以使茶的外形卷曲紧结。

（五）干燥工艺的控制

为蒸发水分和软化叶子，乌龙茶干燥都是以烘焙的方式进行。烘焙分干燥机烘焙与烘笼烘焙两种，可起热化作用，能消除苦涩味，促进滋味醇厚。在实际操作中，各茶区因为所产茶揉捻结束后叶子的干度不同，有的分毛火和足火，有的却只是进行足火。

用烘笼烘焙时，毛火温度100～140℃，足火80℃左右。烘焙至茶梗手折断脆，气味清纯，即可起焙。仅进行足火的闽南茶区也分二道进行：第一道烘温70～75℃；第二道烘温60～70℃，也称为“炖火”。

用烘干机干燥时，毛火温度160～180℃，摊叶厚度4～5厘米。毛火经1～2小时的摊凉，再足火。烘干机足火的温度约120℃，摊叶厚度以2～3厘米为宜，中速运转18分钟左右。

第三节　名优绿茶机制工艺技术

一、毛峰形名优茶

毛峰形名茶在我国众多的名优茶类中占有最大的比例，干燥方法有烘干型或以烘为主、烘炒结合两种。毛峰形茶具有外

形自然、有锋苗、完整显毫、色泽翠绿、香气清雅、叶底完整等品质特征，深受广大消费者喜爱。

毛峰形茶加工工艺：鲜叶摊放→杀青→揉捻→初干→理条→提毫→足干。

适制品种为芽壮、叶小、多毫的中小叶茶树品种，原料标准为1芽1叶初展至1芽2叶初展鲜叶，要求不带病虫叶、鱼叶、紫芽、冻芽、单片、鳞片及其他非茶类夹杂物。

摊放时一般将鲜叶薄摊在竹簸或篾垫以及干净的水泥地面上，摊叶厚度为2～4厘米。雨水叶须先将表面水分用脱水机除去，然后薄摊。为加快水分蒸发，可用电扇吹微风；高山茶的摊青时间应适当延长一些，以提高成品茶品质。

（一）杀青

选用30型滚筒连续杀青机，如6CST、6CMS等系列（注：在30后加"D"的为电热源，未加"D"的为煤和柴燃烧能源）。杀青时间长短可通过调节滚筒倾斜度来调节，即倾斜度越大，杀青时间越短；倾斜度越小，杀青时间越长。在杀青适宜的温度下，筒体最佳倾斜度约为1.6度。此时，手轮一端离地面高8厘米左右，出叶口一端离地面高4厘米左右（仅供参考）。先接通加热电源，启动电机使筒体转动。开机应进行预热，可空转15～30分钟，同时通过手轮丝杆调整好滚筒倾角，将杀青时间调控在适宜时间之内，待筒体温度达到120℃左右时，用手工投叶。为避免焦叶，开始时要多投些鲜叶，随后均匀投叶。杀青叶要求投叶量稳定，火温均匀，以保证杀青质量一致。

（二）摊晾

通常采用自然薄摊晾。有利于翠绿的形成，最好辅助电风扇吹风，以快速冷却摊凉。

（三）揉捻

将杀青后经摊凉的杀青叶，投入揉捻机内。投叶后先无压揉3分钟，然后轻压揉2～3分钟，最后无压揉1～2分钟。揉捻时间既不能过短，也不能过长。过短，茶条松泡，成形率低；过长，茶汁外溢过多，影响色泽与显毫，尤其杀青后的初揉时间宜短，加压宜轻。因此，揉时要适度。对于高山茶而言，轻揉捻或不揉捻（如加工自然舒展的直条形和扁形茶等）对保证绿茶类名茶翠绿多毫的色泽有利。

（四）毛火初干

当热风炉外壁烧至有明显烫手感时，开动鼓风机送热风，待烘干顶层温度达130～140℃时，手工投叶，以均匀薄摊至还能看见少量网眼为宜。毛火应采取快速烘焙，因此烘干机应调到最快转速，待烘到干度适度后下烘摊凉。为避免叶色闷黄，摊凉不能堆积，而宜薄摊。含水量较大的揉捻叶炒二青时，容易出现巴锅和色泽黑变等现象，毛火初烘可以有效克服此类弊端。

（五）理条

接通电源后，先让理条机空载运行约30分钟，升温后在槽锅上均匀涂擦制茶专用油，使其光滑，待锅温上升到约120℃时投入1千克左右的初烘叶，使其在槽中往复滚炒。可配置一台小型甩风扇，不断将微风送入槽中，以加速水蒸气散发，促进茶叶色泽翠绿。炒至上述程度时出锅摊凉。

（六）提毫提香

提毫提香通常采用手工在电炒锅内提毫、在烘笼上慢烘提香和用微型烘干机或足火提香机直接烘至足干三种方法，是毛峰形茶香气形成的重要工序。上烘温度约90℃，摊叶比毛火略厚，烘干时间也比毛火要长。如果揉捻叶不打毛火而直接进行理条，理条后的此次烘干可分两次进行，第一次为初烘：当热风温度达到120～140℃时，把理条叶均匀薄摊在烘网上。烘至茶叶有触手感为适度，出烘后摊凉回潮。第二次为足烘：热风温度掌握在70～90℃，上烘叶摊层厚度可略厚于初烘，

厚薄应均匀一致，烘至手捻茶叶成粉时下烘。

二、扁形名优茶

扁形名优茶是我国名茶中的一大类，闻名中外，一直以“色绿、香郁、味甘、形美”四绝著称。其品质要求：外形扁平挺直，色绿润带毫，香气馥郁持久，滋味鲜醇回甘，汤色嫩绿清亮，叶底黄绿匀亮。

鲜叶原料为1芽1叶初展至1芽2叶初展以及独芽。鲜叶摊放与毛峰形茶相同，但应掌握“嫩叶长摊，中档叶短摊，低档叶少摊”的原则，即中低档叶的摊层厚度比高档叶可适当增加，但要相应缩短摊放时间，减小失重率。

（一）杀青

杀青方式有多用（功能）机杀青和名茶滚筒机杀青两种。采用槽式多用机的杀青方法：开通多用机电流，先进行10～25分钟的预热。当锅热灼手时，将适量的制茶专用油擦抹在槽面上（作用是改善色泽和外形），然后用布擦净锅面。开动机器，快速振动槽锅（往复速度控制在每分钟120～130次）空转1分钟左右，然后投叶入锅。鲜叶入锅时，应有“噼啪”的爆鸣声，并使每槽投叶量均匀一致。在温度和投叶量都适宜的情况下，杀青3～4分钟，中途手工辅助透翻2次。为避免锅底茶叶偏老或产生焦边，起锅出叶时应动作迅速。及时将出锅杀青叶摊开，经摊晾约30分钟时间，以使其自然降温并散失水分。滚筒杀青机械的杀青方式与毛峰形茶相同。

（二）理条整形

理条整形是继续失水和形成扁紧外形的关键工序。对于该工序，不仅要合理掌握温度和投叶量，而且要正确运用加压棒。先将电机启动，使机器正常运转，然后接通加热电源升温，在锅温升至70℃左右时下叶。槽锅采用中速往复运动，其频率调到每分钟110～120次。杀青叶下锅后先抛炒约1分钟，待叶质转软后加入轻压棒，为防止茶条跳出槽外，可盖上网盖(加网盖不利于水蒸气的及时散发，对色泽有一定影响，因此只要茶条不跳出，可不加网盖)，压炒1分钟左右(加压时速度调到慢档，即运动频率为每分钟80～100次)，取出压棒继续抛炒1～2分钟。待芽叶表面水分基本干时，再投入轻棒并盖上网盖，压炒4～6分钟。当芽叶外形基本扁平紧直、达七成干时，将压棒取出，再抛炒1分钟左右即可起锅出叶。

(三)辉锅炒干

整形叶先经割末后投入辉锅，每槽投叶量为0.2～0.3千克。辉锅采用低温、慢速方式，其机器往复速度在每分钟90～100次。叶下锅后先抛炒1分钟左右，待叶温上升，叶张转软后，加入轻棒并将网盖盖上，炒1～2分钟(加压时机器往复速度为每分钟80次)。然后取出压棒抛炒1分钟左右，待叶子有触手感时加入重棒，盖上网盖，进行5～8分钟压炒。在槽底出现末子时将压棒取出，再抛炒至足干后出锅。

如果整形叶过于扁平，不够紧直，开叉较多时，应在机械辉锅至八九成干的基础上再辅以手工辉锅，灵活运用抓、扣、磨等手法，将茶条收紧、磨光，以达到扁平、光滑、紧直的标准。

三、卷曲形名优茶

卷曲形名优茶的品质要求：外形紧细卷曲，色绿润显毫，香高持久，滋味鲜醇，汤色嫩绿明亮，叶底匀亮。

卷曲形茶加工工艺：鲜叶摊放→杀青→初揉→初烘→复揉(或炒干整形)→足火。

卷曲形名优茶的适制品种为芽肥壮、叶片薄、色黄绿、节间短、芽叶柔软而多茸毛的茶树品种，如‘福云6号’、‘福大种’及‘川群’种等。鲜叶摊放与毛峰形茶相同。

(一)杀青

与毛峰形茶相同。

（二）初揉

与毛峰形茶揉捻相同。

（三）初烘

利用小型自动烘干机，采用薄摊快烘的方法。进风气温掌握在130～140℃。中小叶种烘干时间为3～4分钟，大叶种为5～6分钟，失重率掌握在30%～40%，此时在制叶的含水量为30%左右。从烘干机出来的叶子应立即摊晾散热，冷却后回潮15～20分钟。

（四）复揉及炒干整形

复揉的适度要求是揉捻叶润滑黏手，完整少断碎，色绿无闷气。可采用25型或30型名茶揉捻机，投叶后先空揉3～5分钟，再轻压揉5～7分钟，直至将茶条揉紧揉细。假如只揉一次，即不经过复揉，可采用炒干整形。可选机具有双锅曲毫炒干机，其炒制方法：当锅温升至140～150℃时，启动炒手板并将初烘叶投入锅内。单锅投叶量可根据初烘叶含水率灵活掌握，一般为3.5～4.5千克。炒至茶胚有烫手感(叶温约60℃)、手握柔软如棉时，调大炒手摆幅并将锅温降低。炒3～5分钟后转入整形炒制阶段，将锅温稳定控制在70～80℃。整形炒制靠炒手板与球面锅的作用，边失水边整形，使茶坯卷曲收紧成卷曲状，一般需要60～65分钟。待外形基本固定、含水率降至13%～15%后，调小炒手摆幅，降温至50～60℃续炒4～6分钟，接着升温出锅(出锅叶含水率10%～12%)。出锅后进行过筛去末。

（五）足火

采用6CH-941型碧螺春烘干机、6CH-901型碧螺春烘干机。温度应控制在60～70℃。烘干时及时翻动，待茶叶含水率在5%～6%，烘干至手捻茶叶成碎末即可下烘摊凉。

参考文献

[1]中国标准出版社第一编辑室. 茶叶标准汇编(下册)[M]北京：中国标准出版社，2016.

[2]陆尧. 茶叶创新与发展[M]. 北京：经济管理出版社，2016.

[3]吕永康. 茶叶加工技术[M]. 昆明：云南大学出版社，2015.

[4]中国绿色食品协会有机农业专业委员会组织. 有机茶生产与管理[M]. 北京：中国标准出版社，2015.

[5]程启坤，倪铭峰. 茶叶百问百答[M]. 北京：中国轻工业出版社，2015.